"十四五"职业教育国家规划教材

高职高专计算机类专业教材·软件开发系列

C#程序设计项目化教程
（第2版）

何福男　汤晓燕　主　编

陈莉莉　朱　东　陈　瑾　副主编

电子工业出版社

Publishing House of Electronics Industry

北京 · BEIJING

内 容 简 介

本书以一个真实完整的 C#应用程序项目的开发过程贯穿全书，采用"项目引领，任务驱动"模式，强调"做什么，怎么做，做中学"的教学理念，将"学生社团管理系统"的开发流程按项目划分成多个任务；在每个任务中，采用图文并茂的方式，给出任务目标、任务分析及详细的操作步骤和相关代码，带领学习者逐步完成项目功能。在内容编写、案例编排等方面全面落实"立德树人"根本任务，将理想信念、国家安全、知识产权、工匠精神等思想政治教育内容融入专业内容之中。全书分为两个部分，第 1 部分介绍项目总体背景和进行需求分析；第 2 部分包括项目 1 至项目 6，依次介绍系统开发环境搭建、C#基础学习、系统接口创建、系统用户界面设计、系统数据管理和系统打包发布与安装部署等内容，将 C#基础、面向对象程序设计、Windows 窗体开发及 ADO.NET 数据库编程等知识很好地融入了这些项目之中。

本书可作为高职高专学生的 C#编程类入门书籍，还可供使用 C#语言进行.NET 开发的初学者参考使用。为便于教学，本书提供了配套的电子课件、源代码等资源，请登录华信教育资源网（www.hxedu.com.cn）注册后免费下载。

图书在版编目（CIP）数据

C#程序设计项目化教程 / 何福男，汤晓燕主编. —2 版. —北京：电子工业出版社，2019.10（2024.12重印）
ISBN 978-7-121-37901-7

Ⅰ. ①C⋯　Ⅱ. ①何⋯ ②汤⋯　Ⅲ. ①C 语言－程序设计－高等学校－教材　Ⅳ. ①TP312.8

中国版本图书馆 CIP 数据核字（2019）第 259291 号

责任编辑：左　雅
印　　刷：三河市良远印务有限公司
装　　订：三河市良远印务有限公司
出版发行：电子工业出版社
　　　　　北京市海淀区万寿路 173 信箱　邮编　100036
开　　本：787×1 092　1/16　印张：17　字数：435.2 千字
版　　次：2014 年 9 月第 1 版
　　　　　2019 年 10 月第 2 版
印　　次：2024 年 12 月第 11 次印刷
定　　价：55.00 元

凡所购买电子工业出版社图书有缺损问题，请向购买书店调换。若书店售缺，请与本社发行部联系，联系及邮购电话：（010）88254888，88258888。
质量投诉请发邮件至 zlts@phei.com.cn，盗版侵权举报请发邮件至 dbqq@phei.com.cn。
本书咨询联系方式：（010）88254580，zuoya@phei.com.cn。

前　　言

编写此书，旨在对接建设网络强国、数字中国国家发展战略，面向软件开发岗位，培养软件开发实用人才。当前，可供技术人员选择的软件开发语言很多，C#是其中不可或缺的一员。自 2021 年以来，在 TIOBE 和 PYPL 等权威社区指数中，C#均位居前五。C#及其 Visual Studio 系列开发平台，以其便捷和高效，得到软件开发者的青睐。

微软公司推出的.NET 框架这一跨语言软件开发平台，顺应了当今软件工业分布式计算、面向组件、企业级应用、软件服务化、以 Web 为中心等大趋势，成为众多软件企业的主流开发平台，并呈现出强劲的发展势头。C#作为.NET 框架的重要组成部分，现已成为在.NET 平台上进行开发的首选语言。学好 C#语言是成为.NET 工程师的第一步。

本书在编排体系上，以学生为中心，采用"项目引领，任务驱动"的模式，将一个完整的"学生社团管理系统"的实现过程划分成若干项目，每个项目又由多个工作任务组成。每个任务的实现注重步骤和细节，具有很强的可操作性。项目的软件环境为 Visual Studio 2013，后台数据库为 SQL Server 2016，书中所有的程序代码都在 Visual Studio 2013 开发环境中测试通过。本书具有以下特点。

1．针对性强，强化实践

本书十分切合高职高专教育的培养目标，侧重技能传授，强化实践内容。本书注重实际编程能力的培养，强调在具体操作过程中学习理论知识，体现了高职高专应用型人才培养目标。本书从具体项目开发的操作入手，引入丰富案例，以案例驱动课程内容的展开，有助于学生理解较为抽象的理论基础知识。

2．项目贯穿，体例新颖

全书基于工作过程，以一个完整的 C#应用程序项目的真实开发过程贯穿其中。本书以项目的开发步骤为顺序，对教材内容编排进行全新的尝试，打破传统教材的编写框架，是真正意义上的项目化教程。案例项目选择了贴近学生生活的主题，并且难度适中，比较适合初学者。在内容的组织和编写上，本书突出高等职业教育的特点，突出职业技能训练；强调"怎么做，如何做"，通过大量有趣的示例介绍程序设计基础、方法，避免枯燥、空洞的理论介绍，使读者在解决问题的过程中，学会在 Windows 环境中的编程。

3．内容立体，方便学习

从培养学生的思维能力及运用概念解决问题的能力出发，本书内容不仅包括主要知识的讲解，还包括技术要点、拓展学习等模块，既适合教师教学，也适合读者自主学习。在技术要点及拓展学习模块中介绍和补充了相关知识与技术，同时配有大量的示例；大部分任务后配有训练任务模块，帮助读者进一步提高和巩固。

4. 编写团队专业性强、经验丰富

本书的编写人员为长期在高职院校教学一线进行相关课程教学工作及教学理论研究的优秀骨干教师，以及企业一线的专业技术人员，他们有十分丰富的C#程序设计教学及项目开发经验，全面了解当前高职高专学生的特点与需求，并且参与过多部教材的编写。此外，在编写本书过程中，得到了不少软件企业专家的建议与指导，使本书内容工学结合紧密，有很强的实用性。

本书由苏州工业职业技术学院的何福男、汤晓燕老师担任主编，由苏州工业职业技术学院的陈莉莉、朱东、陈瑾老师和江苏航运职业技术学院的徐阳老师及企业人员等共同合作完成。前期工作中，何福男、汤晓燕老师完成本书的主体结构和体例设计，陈莉莉、朱东、陈瑾老师和企业人员负责全书项目案例的引入及开发工作。在本书的编写过程中，学生社团管理系统简介部分由徐阳完成，项目1和项目3由陈莉莉完成，项目2由陈瑾完成，项目4和项目6由汤晓燕完成，项目5由朱东、汤晓燕共同完成。全书由汤晓燕统稿，何福男审校。此外，在本书的编写过程中还得到了苏州市职业大学张苏老师、苏州经贸职业技术学院陆萍老师、苏州欧多克斯自动化有限公司周鑫先生、南京维景数据工程有限公司石磊先生等的大力支持与帮助，他们在本书编写过程中提供了不少有价值的参考文献与参考意见，在此对他们表示诚挚的感谢。

由于编者水平有限，书中难免存在错漏之处，敬请读者批评指正并提出宝贵意见。

编　者

教学安排建议

序号	教学项目	课时	教学内容	
1	项目 1 系统开发环境搭建	2	**任务 1.1 搭建 Visual Studio 集成开发环境** 【拓展学习】 1．C#与.NET 框架 2．Visual Studio 简介 【训练任务】 **任务 1.2 创建第一个 C#应用程序** 【技术要点】	1．解决方案与项目 2．C#程序基本结构 【拓展学习】 1．查看工程文件 2．Visual Studio .NET 项目类型 3．打开已建应用程序 4．关闭解决方案 【训练任务】
2	项目 2 系统开发准备 ——C#基础学习	4	**任务 2.1 屏幕输出系统主菜单** 【技术要点】 1．进一步了解 C#程序的基本结构 2．C#程序基本风格 3．控制台输入/输出 【拓展学习】 1．命名空间 2．using 关键字 【训练任务】 **任务 2.2 定义数据类型**	【技术要点】 1．基本数据类型 2．变量与常量 3．数据类型转换 【拓展学习】 1．转义字符的使用 2．输出文本使用技巧 3．进一步理解命名空间 4．DateTime 类 【训练任务】
		4	**任务 2.3 模拟用户登录** 【技术要点】 1．运算符和表达式 2．顺序结构 3．选择结构 【拓展学习】 1．对称的 if 语句与三元运算符 2．字符串连接符	【训练任务】 **任务 2.4 菜单选择** 【技术要点】 多分支语句（switch 语句） 【拓展学习】 switch 语句的测试变量 【训练任务】
		4	**任务 2.5 菜单重现** 【技术要点】 循环结构 【拓展学习】 多重循环 【训练任务】 **任务 2.6 社员信息管理**	【技术要点】 1．结构 2．数组 3．转向语句 【拓展学习】 1．多维数组 2．二维数组的应用 【训练任务】

序号	教学项目	课时	教学内容
3	项目3 系统接口创建	6	**任务3.1　创建学生类** 【技术要点】 1．类和对象的概念 2．定义类和实例化类 3．类的成员及其声明方法 【拓展学习】 1．面向对象编程思想 2．静态方法 3．析构函数 【训练任务】 **任务3.2　创建社员类** 【技术要点】 1．继承的概念 2．继承的实现和特点 3．继承中的构造方法 【拓展学习】 1．隐藏基类的成员 2．虚方法 3．抽象类 4．虚方法和抽象方法的比较 【训练任务】
		4	**任务3.3　创建社员管理数据访问接口** 【技术要点】 1．接口的概念 2．接口的定义 3．实现接口 4．接口的作用 【拓展学习】 1．接口作用的进一步讨论 2．接口和抽象类的区别 【训练任务】
4	项目4 系统用户界面设计	4	**任务4.1　创建"Windows 窗体应用程序"项目** 【技术要点】 1．Windows 窗体应用程序开发环境（IDE）介绍 2．Windows 窗体应用程序的结构 【训练任务】 **任务4.2　欢迎界面设计** 【技术要点】 1．窗体 2．设置启动窗体 【拓展学习】 窗体的显示、关闭和隐藏 【训练任务】
		6	**任务4.3　用户登录窗体设计** 【技术要点】 1．控件的概念 2．控件通用属性 3．控件命名规则 4．Label（标签）、TextBox（文本框）、Button（按钮）控件 5．PictureBox（图片框）控件 6．深入了解 Windows 事件驱动机制 【拓展学习】 1．控件焦点 2．控件默认事件 【训练任务】 **任务4.4　社员信息管理窗体设计** 【技术要点】 1．容器类控件 2．选择类控件 3．列表类控件 4．DateTimePicker 控件 【拓展学习】 1．Windows 用户界面设计原则 2．TabControl 控件 3．控件的对齐 【训练任务】

序号	教学项目	课时	教 学 内 容	
4	项目 4 系统用户界面设计	4	**任务 4.5 社员照片选择及预览** 【技术要点】 1．对话框控件 2．OpenFileDialog 控件 【拓展学习】 1．其他对话框控件 2．模式对话框与非模式对话框 **任务 4.6 系统主界面设计** 【技术要点】	1．MenuStrip 控件 2．ToolStrip 控件 3．StatusStrip 控件 4．MessageBox 消息框 5．多文档界面（MDI）应用程序 【拓展学习】 1．ContextMenuStrip 控件 2．菜单和工具栏中插入标准项 【训练任务】
		4	**任务 4.7 用户界面交互性提升** 【技术要点】 键盘事件 【拓展学习】 鼠标事件 【训练任务】	**任务 4.8 窗体连接与数据传递** 【技术要点】 1．Timer 控件 2．使用静态变量在窗体间传递数据 【拓展学习】 窗体间数据传递的其他方法
5	项目 5 系统数据管理	2	**任务 5.1 系统三层框架搭建** 【技术要点】 1．三层架构概述 2．三层架构的优缺点	**任务 5.2 创建数据库连接** 【技术要点】 1．ADO.NET 简介 2．Connection 对象 【训练任务】
		6	**任务 5.3 用户登录实现** 【技术要点】 1．Command 对象 2．DataReader 对象 3．异常处理 【拓展学习】 1．MD5 加密算法 2．StringBuilder 类	**任务 5.4 浏览社员列表** 【技术要点】 1．ADO.NET 的两种数据访问模式 2．SqlDataAdapter 对象 3．DataSet（数据集） 4．DataGridView 控件 【训练任务】
		6	**任务 5.5 查看社员详情** 【技术要点】 1．ADO.NET 数据绑定技术 2．DataGridView 控件的属性、方法和事件 3．创建 SQLHelper 类 【训练任务】	**任务 5.6 添加社员** 【技术要点】 1．参数化查询 2．Command 对象 ExecuteNonQuery 方法 【拓展学习】 流技术文件读写 【训练任务】
		6	**任务 5.7 删除、修改社员** 【训练任务】	**任务 5.8 社团活动考勤** 【技术要点】 DataGridView 控件列类型

续表

序号	教学项目	课时	教 学 内 容
6	**项目 6** 系统打包发布 与安装部署	2	**任务 6.1　应用程序打包**　　　　　　2. 部署设计 【技术要点】 1. 使用 InstallShield 2013 Limited　　**任务 6.2　应用程序安装** Edition 进行打包
	合计	64	

【提示】

（1）具体教学内容，可根据实际教学情况酌情进行增减。

（2）建议课堂教学全部在多媒体机房内完成，以实现"讲—练"结合。

（3）课堂教学一般以 2 课时为一个教学单元，每个教学单元完成 1～2 个任务。

目 录

CONTENTS

学生社团管理系统简介

学生社团是高校学生在自愿基础上自由结成并按照章程自主开展活动的学生群众组织。这些社团打破年级、系科甚至学校的界限，团结兴趣爱好相近的同学，发挥他们在某方面的特长，开展有益于身心健康的活动，传统的社团如文艺社、摄影社、漫画社、话剧团、篮球队、足球队等。党的十八大以来，以习近平总书记为核心的党中央坚定不移施行科教兴国、人才强国、依法治国、乡村振兴、可持续发展等国家战略。党的二十大报告中也鲜明提出，要实施科教兴国战略，强化现代化建设人才支撑。我国各高校坚持立德树人根本任务，开拓进取为国育才，均在科教兴国、人才强国国家战略上做出贡献。近年来，我国高校中涌现了一批新创的学生社团，具有强烈的时代性、针对性，与专业相结合，服务于一系列的国家战略，如法律服务中心，主要服务于依法治国国家战略，如绿水青山志愿服务队，立足习近平总书记提出的"绿水青山就是金山银山"，以水资源保护为主要关注点，提供的特色专业服务。

学生社团不断发展与壮大，这对社团的管理也提出了一定的要求。随着计算机信息化程度的不断提高，很多高校都借助计算机来实现对社团各方面的管理。本教程所介绍的"学生社团管理系统"（简称社团管理系统）就是这样一个小型管理信息系统，可以满足一般高校的社团管理需求。学生社团管理系统的开发涉及 C#多方面的基础知识，读者可以通过边做边学的方式，掌握 C#编程开发知识，最终完成该社团管理系统的开发。

▶1. 系统总体需求

结合实际调查，本管理系统具有以下功能：
- ❑ 具有良好的人机界面，方便用户操作。
- ❑ 系统用户分为管理员和普通用户两类，有较好的权限区分。
- ❑ 可以方便地进行数据增、删、查、改等操作。
- ❑ 数据计算自动完成，尽量减少人工干预。

▶2. 开发工具选择

社团管理系统采用 Microsoft 公司的 Visual Studio 2013 作为主要开发工具，使用 Microsoft SQL Server 2008 数据库。该数据库在安全性、准确性和运行速度方面有较强的优势，并且处理数据量大、效率高，可以与 Visual Studio 2013 实现无缝对接。数据库设计将在后续内容中进行详细介绍。

▶3. 系统规划

为了更好地进行开发，在对社团管理系统进行功能结构的规划与分析后，将系统分为社团信息管理、社团成员管理、社团活动管理、用户管理和活动考勤统计五大模块，社团管理系统功能结构如图 0-1 所示。

▶4. 数据库设计

开发社团管理系统这样的小型管理信息系统时，数据库设计是一个重要环节，应根据系统功能目标来进行。下面介绍社团管理系统的数据库及各个数据表。

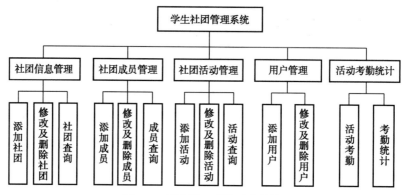

图 0-1　社团管理系统功能结构

数据库名称为 StudentClubMisDB，拥有如下 8 个数据表，表 0-1～表 0-8 是这些表的详细设计。

（1）tb_User 表：存储系统用户的信息。

（2）tb_Member 表：存储所有社团成员信息。

（3）tb_Club 表：存储所有社团组织信息。

（4）tb_Activity 表：存储所有社团活动信息。

（5）tb_Department 表：存储所有系部信息。

（6）tb_Profession 表：存储所有专业信息。

（7）tb_Manage 表：存储用户管理社团信息。

（8）tb_Attendance 表：存储社团成员活动出勤信息。

表 0-1　用户信息表（tb_User）

字　　段	数 据 类 型	可 否 为 空	说　　明
id	标识列（自增）	否	序号（主键）
username	varchar(20)	否	用户名
pwd	varchar(50)	是	密码
role	char(20)	是	角色

表 0-2　社团成员信息表（tb_Member）

字　　段	数 据 类 型	可 否 为 空	说　　明
id	char(10)	否	成员编号（主键）
clubid	int	是	社团编号
departmentid	int	是	系部编号
professionid	int	是	专业编号
name	nvarchar(100)	是	成员姓名
sex	char(10)	是	性别

字　段	数　据　类　型	可　否　为　空	说　明
birthday	datetime	是	生日
phone	varchar(20)	是	电话号码
qq	varchar(20)	是	QQ 号码
picture	image	是	照片
hobbies	varchar(100)	是	兴趣爱好
memo	varchar(200)	是	备注

表 0-3　社团组织信息表（tb_Club）

字　段	数　据　类　型	可　否　为　空	说　明
clubid	标识列（自增）	否	社团编号（主键）
clubname	varchar(20)	否	社团名称
teacher	varchar(50)	是	指导老师
founddate	datetime	是	成立时间
introduction	varchar(500)	是	社团简介

表 0-4　社团活动信息表（tb_Activity）

字　段	数　据　类　型	可　否　为　空	说　明
activityid	标识列（自增）	否	活动编号（主键）
activityname	varchar(30)	否	活动名称
clubid	int	是	社团编号
activitydate	datetime	是	活动时间
place	varchar(50)	是	地点
expenditure	float	是	活动支出

表 0-5　系部信息表（tb_Department）

字　段	数　据　类　型	可　否　为　空	说　明
departmentid	标识列（自增）	否	系部编号（主键）
departmentname	varchar(30)	否	活动名称

表 0-6　专业信息表（tb_Profession）

字　段	数　据　类　型	可　否　为　空	说　明
professionid	标识列（自增）	否	专业编号（主键）
professionname	varchar(30)	否	专业名称

表 0-7　社团管理表（tb_Manage）

字　段	数　据　类　型	可　否　为　空	说　明
userid	int	否	用户编号
clubid	int	否	社团编号

表 0-8 活动出勤表（tb_Attendance）

字　段	数据类型	可否为空	说　明
id	标识列（自增）	否	序号（主键）
activityid	int	否	活动编号
memberid	char(10)	否	社员编号

5. 系统界面预览

"学生社团管理系统"的界面由"用户登录"界面、系统主界面、"社员信息管理"界面、"社团管理"界面、"社团活动管理"界面、"活动考勤"界面、"考勤统计"界面等组成，风格大体一致。

（1）"用户登录"界面。

与大多数软件类似，社团管理系统要求用户输入合法的信息后，方可登录系统，如图 0-2 所示。本系统的用户分为普通用户和管理员两类，不同种类用户登录后拥有不同的功能使用权限。

图 0-2 "用户登录"界面

（2）系统主界面。

用户登录后进入系统主界面，如图 0-3 所示。主界面从上到下依次为菜单栏、工具栏、主工作区及状态栏。菜单栏中提供各种菜单命令；工具栏设置有常用功能的快捷按钮；状态栏里显示系统的相关信息，如系统当前用户名、系统当前时间等。

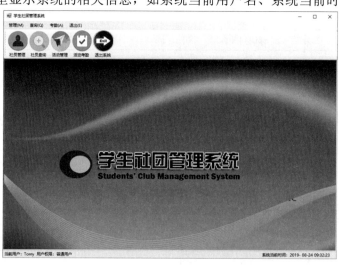

图 0-3 系统主界面

（3）管理类界面。

"社员信息管理"界面具有社员信息的浏览、添加、删除、修改等功能，如图 0-4 所示。选择左侧社员列表中的社员姓名，可在右侧查看其详细信息，并可通过按钮进行添加、删除、修改等操作。

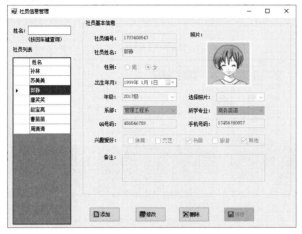

图 0-4 "社员信息管理"界面

"社团管理""社团活动管理"等界面与"社员信息管理"界面布局相似，如图 0-5 和图 0-6 所示。

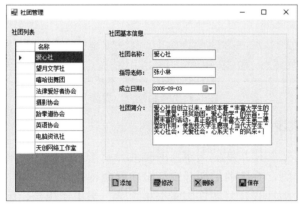

图 0-5 "社团管理"界面

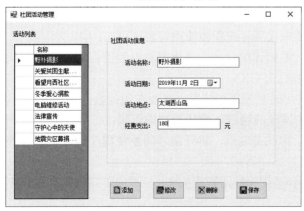

图 0-6 "社团活动管理"界面

（4）社团活动考勤与考勤统计界面。

社团活动的"活动考勤"界面如图 0-7 所示，选择社团名称和活动名称后，勾选社团成员名单列表前的复选框进行考勤记录，全部完成后单击"保存"按钮，完成考勤操作。在如图 0-8 所示的"考勤统计"界面中，可以查看每个活动的考勤统计结果。

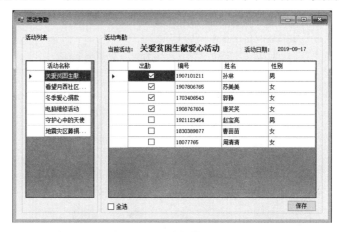

图 0-7 "活动考勤"界面

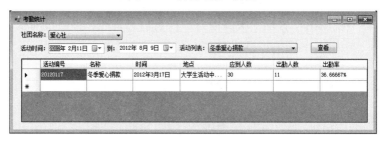

图 0-8 "考勤统计"界面

6. 系统开发步骤

（1）需求分析：了解用户实际需求，并据此分析形成合理的、能满足需求的设计思路。需求了解得越详细，系统的后期开发与维护就会越省心。

（2）概要设计：概要设计紧跟在需求分析之后。需求明确后，制作业务模块，然后开始构建数据库的逻辑结构，进行数据库设计，接着建立数据表和数据字段。

（3）详细设计：根据概要设计中制作的业务模块，将各个业务模块的窗口全部建好，将各个窗口控件的处理代码用流程图或语言表达出来。

（4）程序编码：根据详细设计，使用某种编程语言来编写程序代码，需要注意命名与编程风格的规范化。

（5）测试：测试代码有无逻辑错误，以及在加载数据的环境下测试程序的稳定性等；及时纠正测试工作中发现的错误，确保程序的正确性。

（6）打包发布：测试完成后，将开发好的系统程序做成安装程序，提供给用户安装使用。

上述开发步骤不但适用于社团管理系统，也适用于其他类似的小型管理信息系统。

☑ 小结

　　本简介围绕系统总体需求、系统规划等几个方面向读者介绍了"学生社团管理系统"的相关信息，勾勒出"学生社团管理系统"的大体轮廓，让读者对即将要开发的系统有一个整体和全面的认识。系统开发步骤的介绍，可以让读者了解到小型管理信息系统开发的一般方法和流程，为后面的学习及项目的开发打下良好的基础。

项 目 1

系统开发环境搭建

　　搭建开发环境是软件开发的第一步，优秀的开发环境能帮助程序员加快开发速度，提高开发效率，微软公司的 Visual Studio 就是一款不错的开发软件。本项目将带领大家一起安装和配置 Visual Studio 集成开发环境（IDE，Integrated Development Environment），并且建立一个控制台应用程序。通过对一个简单程序的创建、编写、运行和调试，使大家初步认识和了解 Visual Studio 集成开发环境，熟悉 C#应用程序的框架和一些基础知识。

学习重点：

☑ 掌握 Visual Studio 集成开发环境的搭建；

☑ 初步了解 C#应用程序的创建方法；

☑ 了解 C#应用程序的基本结构。

本项目任务总览：

任 务 编 号	任 务 名 称
1.1	搭建 Visual Studio 集成开发环境
1.2	创建第一个 C#应用程序

任务 1.1　搭建 Visual Studio 集成开发环境

任务目标

　　完成 Visual Studio 集成开发环境的搭建和配置（本书以安装 Visual Studio 2013 为例，Visual Studio 2013 简称 VS 2013）。

任务分析

　　要想搭建 VS 2013 集成开发环境，首先要有 VS 2013 的安装文件，获取安装文件后进行安装。安装后第一次使用时，需要做一些简单配置。

实现过程

　　步骤一： 准备安装文件。

　　安装文件可以通过从正规网站下载等渠道获取，本书所用安装文件是 Visual Studio 2013 中文旗舰版。

　　步骤二： 根据提示，逐步安装。

　　（1）安装文件常为 ios 格式的，下载完成后，可以使用解压缩工具将其解压缩。解压后，双击 vs_ultimate.exe 文件开始安装，如图 1-1-1 所示。

图 1-1-1 vs_ultimate.exe 安装文件

（2）自定义选择安装路径，如图 1-1-2 所示，并预留充足的空间，否则安装会失败。勾选"我同意许可条款和稳私策略"，单击"下一步"按钮。

图 1-1-2 自定义安装路径

（3）可根据需要对可选功能进行安装，并确保预留的空间够用。开始安装，加载安装组件和安装进度分别如图 1-1-3、图 1-1-4 所示。

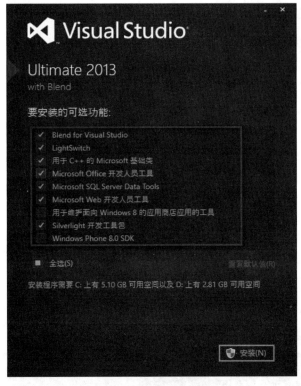

图 1-1-3　加载安装组件

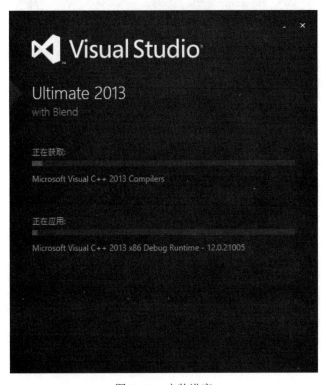

图 1-1-4　安装进度

（4）大约需要等待 30 分钟，完成安装后出现如图 1-1-5 所示的界面，表示安装成功。

图 1-1-5　安装成功界面

步骤三： 配置 VS 2013 开发环境。

（1）单击"开始"菜单，启动 VS 2013，如图 1-1-6 所示。

图 1-1-6　启动 VS 2013

（2）第一次使用 VS 2013 时，要进行开发设置和颜色主题选择等，如图 1-1-7 所示。

图 1-1-7　开发设置和颜色主题选择

（3）单击"启动 Visual Studio"按钮，进入 VS 2013 起始页，如图 1-1-8 所示。至此，VS 2013 集成开发环境搭建完成。

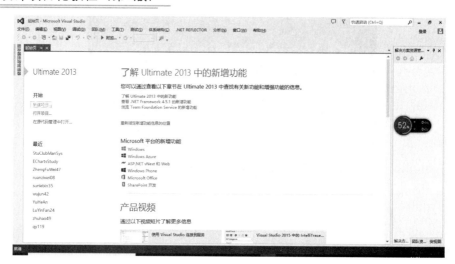

图 1-1-8   VS 2013 起始页

 拓展学习

1. C#与.NET 框架

C#是微软公司在 2000 年 6 月发布的一种面向对象的、运行于.NET 框架（.NET Framework）之上的高级程序设计语言。它由 C 和 C++衍生出来，是一种安全、稳定、简单的面向对象编程语言。它在继承 C 和 C++强大功能的同时去除了一些复杂特性，综合了 VB 简单的可视化操作和 C++的高运行效率特点，以其强大的操作能力、优雅的语法风格、创新的语言特性和便捷的面向组件编程的支持能力，成为.NET 开发的首选语言。

.NET 框架是微软公司推出的构建新一代 Internet 集成服务平台的最新框架。它以公共语言运行库（CLR，Common Language Runtime）为基础，支持多语言的开发。.NET 框架也为应用程序接口提供了新功能和开发工具，在它的基础上，可以开发 Windows 应用程序和 ASP.NET Web 应用程序。

一般而言，.NET 框架可以分为规范和实现两部分，其中实现部分包括 CLR（公共语言运行库）和 FCL（.NET 框架类库）；规范部分包括 CTS（Common Type System，通用类型系统）、CLS（Common Language Specification，公共语言规范）、CIL（Common Intermediate Language，通用中间语言，也称 MSIL）。.NET 框架组成如图 1-1-9 所示。

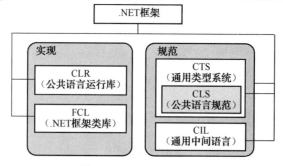

图 1-1-9   .NET 框架组成

（1）CLR（公共语言运行库）。它提供了一个运行时环境，负责资源管理（内存分配和垃圾回收，并保证应用和底层操作系统之间的必要分离）。其核心功能包括内存管理、程序集加载、安全性保障、异常处理和线程同步。

（2）FCL（.NET 框架类库）。它是.NET 框架的两个核心组件之一。FCL 集合了上千组可再利用的类、接口和值类型。它提供了对系统功能的访问接口，是建立.NET 框架应用程序、组件和控件的基础。

（3）CTS（通用类型系统）。它定义了如何在运行库中声明、使用和管理类型，同时在运行库下支持各语言之间进行交互操作。

（4）CLS（公共语言规范）。它定义了一组运行于.NET 框架之上的语言特性，包括类的方法、调用方式、参数传递方式、异常处理方式等，只要符合这个规范的程序语言，就可以彼此互通信息、兼容组件。

（5）CIL（通用中间语言）。它是属于通用语言框架和.NET 框架的低阶人类可读编程语言。它与平台无关，不论使用何种支持.NET 的语言，相关编译器都生成 CIL 指令。因此，所有语言都能很好地在定义明确的二进制文件间交互。

▶2. Visual Studio 简介

Visual Studio（简称 VS）是微软公司的开发工具包系列产品。VS 是一个基本完整的开发工具集，它包括了整个软件生命周期中所需要的大部分工具，如 UML 工具、代码管控工具、集成开发环境（IDE）等。它是目前最流行的 Windows 平台应用程序开发环境。从 Visual Studio .NET 2002 开始，VS 经历了多个版本的改进与升级，目前较新版本为 Visual Studio 2019。

训练任务

下载并安装 VS 2013。

▽ 任务 1.2　创建第一个 C#应用程序

任务目标

使用 Visual Studio 集成开发环境创建一个控制台应用程序，在控制台输出"Hello World!"。

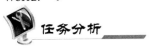
任务分析

首先创建一个控制台应用程序，然后编写程序代码并编译运行程序，实现在控制台输出信息。

实现过程

步骤一：启动新建项目菜单命令。

启动 Visual Studio，如图 1-2-1 所示，执行"文件 | 新建 | 项目"菜单命令，打开"新建项目"对话框。

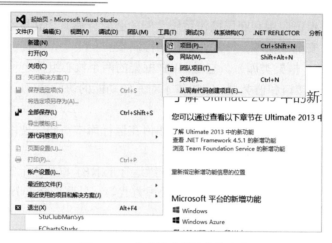

图 1-2-1　启动新建项目菜单命令

步骤二：选择项目类型，输入名称，创建项目。

（1）在如图 1-2-2 所示的"新建项目"对话框中，在左侧"已安装"列表中选择"Visual C#"，即指定项目中使用的编程语言是 C#，在中部的模板列表中选择"控制台应用程序"选项。

（2）在对话框上方的下拉列表中选择".NET Framework 4"选项，表示当前建立的应用程序所使用的是.NET 框架版本，也可选择其他版本，这项技术被微软称为多定向。

（3）在"名称"一栏中输入项目的名称；并通过单击"浏览"按钮选择项目保存位置。默认情况下，"解决方案名称"与项目"名称"一致，用户也可以自定义。项目和解决方案的概念将在本任务的"扩展学习"板块中进行介绍。最后单击"确定"按钮，完成控制台应用程序的创建。

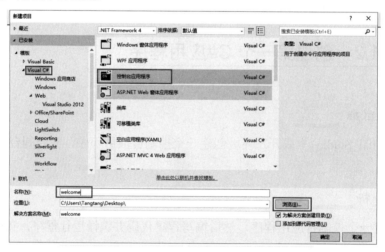

图 1-2-2　"新建项目"对话框

步骤三：进入开发界面。

建立名称为"welcome"的控制台应用程序后进入开发界面，welcome 项目如图 1-2-3 所示。默认情况下，创建项目时会生成一个同名解决方案及其他文件，图 1-2-3 中显示了项目（Program.cs）文件中系统自动生成的代码。

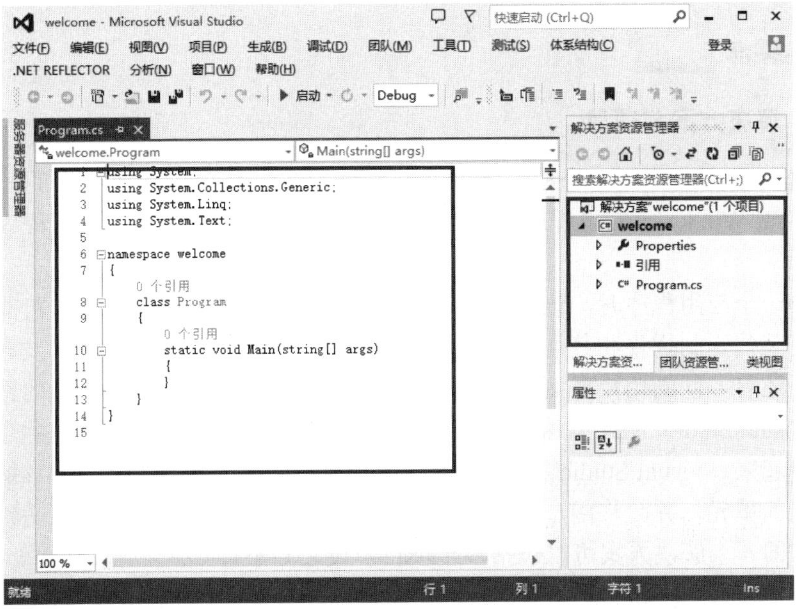

图 1-2-3　welcome 项目

步骤四： 添加代码。

在方法 static void Main(string[] args)内部添加如下代码，如图 1-2-4 所示。

System.Console.WriteLine("我爱你，中国！");

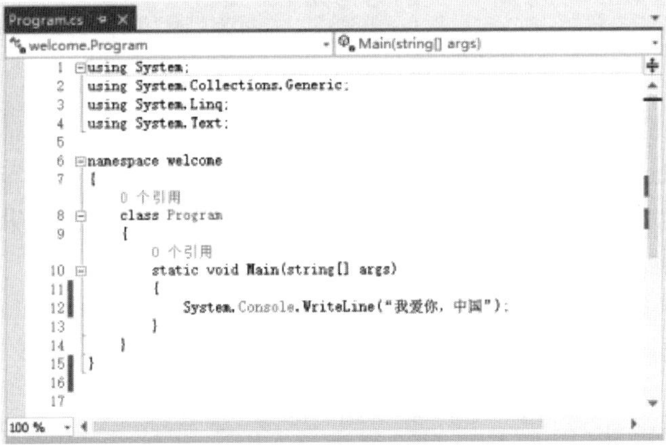

图 1-2-4　添加代码

步骤五： 运行程序。

使用组合键"Ctrl+F5"或执行"调试 | 开始执行"菜单命令启动程序，运行结果如图 1-2-5 所示。

图 1-2-5　运行结果

技术要点

▶1. 解决方案与项目

项目是一组要编译到单个程序集（在某些情况下，是单个模块）中的源文件和资源（如类库或 Windows 应用程序）。解决方案是构成某个软件包（应用程序）的所有项目集。

在发布一个应用程序时，该应用程序可能包含多个程序集。例如，其可能有一个用户界面，有某些定制控件和其他组件，它们都作为应用程序的库文件一起发布。不同的管理员甚至还有不同的用户界面。每个应用程序的不同部分都包含在单独的程序集中，因此，在 Visual Studio .NET 看来，它们都是独立的项目，可以同时编写这些项目，使它们彼此连接起来。Visual Studio .NET 把所有的项目看作一个解决方案，把该解决方案当作可以读入的单元，并允许用户在其上工作。因此，解决方案与项目之间是包含与被包含的关系，即一个解决方案可以包括多个项目，反之则不行。

▶2. C#程序基本结构

在本任务中编写的 C#程序虽然只有几行代码，但它已经反映出一个典型 C#程序的基本结构。

C#与 C 不同，它是完全面向对象的。类（class）是 C#程序的基本单位，程序中的所有方法都必须封装在一个类中，类的结构如下。

```
class Program
{
    …
}
```

该程序中的 class Program {　}声明了一个类，类名为 Program。

C#程序必须包含一个 Main 方法，Main 方法是程序的入口点，当程序运行时，首先从 Main 方法开始执行。

Main 方法在类的内部声明必须是静态的，即由关键字 static 修饰。声明 Main 方法时既可以不使用参数，也可以使用参数。

【代码解读】

```
1.  using System;
2.  using System.Collections.Generic;
3.  using System.Linq;
4.  using System.Text;
5.  namespace welcome
6.  {
7.      class Program
8.      {
9.          static void Main(string[] args)
10.         {
11.             System. Console.WriteLine("我爱你，中国!");
12.         }
13.     }
14. }
```

16

第1～4行：导入.NET系统类库提供的命名空间。

第 5 行：自定义命名空间，命名空间的名称是 welcome，用户自定义命名空间用 namespace 关键字声明。

第7行：定义类，类名为 Program，定义类使用 class 关键字。

第9行：程序的入口，其中 static 表示 Main 方法是一个静态方法，void 表示该方法没有返回值。

第11行：控制台输出语句，输出内容为"我爱你，中国"。

 拓展学习

➤ 1. 查看工程文件

在项目创建的目录下的文件夹 welcome 是 VS 为本项目建立的工程文件夹。该文件夹包含了许多文件，下面对几个重要文件作简单介绍。

（1）welcome.sln：解决方案文件，后缀为 sln，是 solution 的缩写，双击该文件名称可打开本工程。

（2）Program.cs：代码文件，后缀为 cs，是 C Sharp 的缩写。

（3）在子目录 bin/Debug 下，welcome.exe 是可执行文件，双击该文件名称可以运行项目。

➤ 2. Visual Studio .NET 项目类型

Visual Studio .NET 可创建多种不同类型的项目，如表 1-2-1 所示。

表 1-2-1　可创建的项目类型

项 目 类 型	说　明
控制台应用程序	用于创建命令行应用程序
类库	用于创建在其他应用程序中使用的类
Windows 窗体控件库	用于创建在 Windows 窗体中使用的控件
Windows 窗体应用程序	用于创建常规 Windows 应用程序
ASP .NET Web 应用程序	用于创建作为用户界面的静态或动态 HTML 页面的 Web 站点

➤ 3. 打开已建应用程序

当一个应用程序被建立后，可以通过以下两种方法在集成开发环境（IDE）中再次打开它。

方法一：双击项目文件夹中后缀名为 sln 的解决方案文件名称，打开项目。

方法二：使用菜单命令，即使用"文件|打开|项目/解决方案"菜单命令，弹出"打开项目"对话框，选择项目文件夹中的 sln 文件，打开项目。

➤ 4. 关闭解决方案

当需要退出某个项目的编辑界面时，可以使用"文件|关闭解决方案"命令来关闭当前的项目。

训练任务

（1）创建一个控制台应用程序，在 Main 方法中输入以下代码：

Console.Write("国在心在,国强心强!");
Console.WriteLine("立报国之志，增建国之才，践爱国之行!");

（2）创建一个控制台应用程序，在屏幕上输出如图 1-2-6 所示的图形。

图 1-2-6 输出图形

项目小结

本项目完成了系统开发环境的搭建，介绍了 VS 2013 的安装方法，以及安装完成后第一次使用开发环境所需要进行的相关配置。此外，本项目还介绍了创建控制台应用程序的方法及 C#程序的基本结构，使读者对 C#控制台应用程序有初步的了解和认识。

项目 2

系统开发准备——C#基础学习

本项目将围绕学生社团管理系统的主要功能，分别介绍 C#的标识符与关键字、基本数据类型、常量与变量、运算符与表达式、流程控制及数组和结构体的使用。

学习重点：

☑ 掌握 C#基本语法；

☑ 了解 C#基本数据类型；

☑ 掌握定义变量和常量的方法；

☑ 了解运算符和表达式；

☑ 熟悉顺序、选择和循环三大结构；

☑ 了解结构体的使用；

☑ 学会定义和使用数组。

本项目任务总览：

任 务 编 号	任 务 名 称
2.1	屏幕输出系统主菜单
2.2	定义数据类型
2.3	模拟用户登录
2.4	菜单选择
2.5	菜单重现
2.6	社员信息管理

任务 2.1　屏幕输出系统主菜单

任务目标

"学生社团管理系统"具备用户登录、社员信息管理、社团管理等诸多功能。本控制台应用程序将通过系统主菜单来组织功能并支持用户选择使用。本任务将实现系统主菜单的屏幕输出，如图 2-1-1 所示。

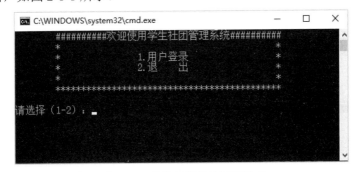

图 2-1-1　系统主菜单的屏幕输出

任务分析

创建一个控制台应用程序，通过 C#输出语句，在屏幕上输出系统主菜单。

实现过程

步骤一： 新建一个控制台应用程序项目 StudentClubMis。

单击图 2-1-2 中的"新建项目…"快捷方式链接，或执行"文件 | 新建 | 项目"菜单命令，如图 2-1-3 所示，弹出"新建项目"对话框，如图 2-1-4 所示。

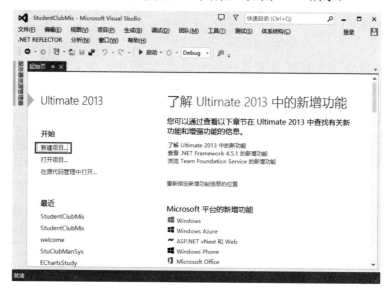

图 2-1-2 "新建项目"快捷方式链接

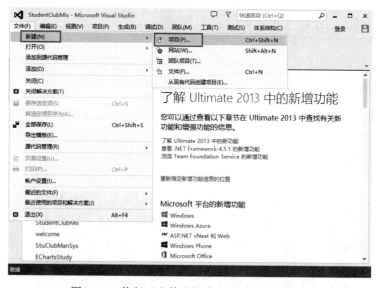

图 2-1-3 执行"文件 | 新建 | 项目"菜单命令

在"已安装 | 模板 | Visual C#"的模板列表中选择"控制台应用程序"模板。在名称一栏中输入应用程序名称，选择项目保存位置并单击"确定"按钮。

图 2-1-4　"新建项目"对话框

步骤二：文件重命名。

查看"解决方案资源管理器"面板，如图 2-1-5 所示。右击文件"Program.cs"名称，在弹出的快捷菜单中选择"重命名"命令，将其更名为"MainMenu.cs"。在询问对话框中单击"是"按钮，如图 2-1-6 所示。

图 2-1-5　"解决方案资源管理器"面板　　　　图 2-1-6　询问对话框

步骤三：编写代码。

在 Main 方法中编写如下代码，实现系统主菜单文本的屏幕输出。

```
1.  class MainMenu
2.  {
3.      static void Main(string[] args)
4.      {
5.          Console.WriteLine("      #########欢迎使用学生社团管理系统#########");
6.          Console.WriteLine("      *                                        *");
7.          Console.WriteLine("      *                 1.用户登录             *");
8.          Console.WriteLine("      *                 2.退    出             *");
9.          Console.WriteLine("      *                                        *");
10.         Console.WriteLine("      ******************************************");
11.         Console.Write("请选择（1-2）：");
12.     }
13. }
```

步骤四：保存并运行程序。

单击"调试"菜单中的"开始执行不调试（Ctrl+F5）"命令，即可运行程序，运行结果如图 2-1-1 所示。

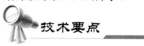

◉1. 进一步了解 C#程序的基本结构

项目 1 中提到了 C#程序的基本结构，下面对其进行详细介绍。

（1）命名空间。

命名空间既是 Visual Studio 提供系统资源的分层组织方式，也是分层组织程序的方式。.NET 框架使用命名空间来组织它的众多类，示例代码如下所示：

```
System.Console.WriteLine("我爱你，中国!");
```

System 是一个命名空间，Console 是该命名空间中包含的类。如果使用 using 关键字，则不必使用类完整的名称，示例代码如下所示：

```
using System;
```

在较大的编程项目中，声明自己的命名空间可以控制类名称和方法名称的范围。使用 namespace 关键字可声明命名空间，如下例所示：

```
namespace SampleNamespace
{
    class SampleClass
    {
        public void SampleMethod()
        {
            System.Console.WriteLine("SampleMethod inside SampleNamespace");
        }
    }
}
```

（2）Main 方法。

Main 方法是 C#程序的入口，程序是从 Main 方法开始执行的。默认情况下，编译器会在类中查找 Main 方法，并使这个方法成为程序的入口。方法名的第一个字母要大写，否则将不具有程序入口的语义。

（3）注释。

为了提高程序的可读性，通常会在程序的适当位置加上一些注释。注释语句用来对程序代码进行说明，但不参与程序执行。

C#提供了两种注释方法。

单行注释：每一行中，"//"后面的内容作为注释内容，该方式只对本行生效。

多行注释：在第一行之前使用"/*"，在最后一行之后使用"*/"，可以换行，如：

```
/*
这是一个 C#
控制台应用程序
*/
```

▶ 2. C#程序基本风格

C#程序的形式和操作方式与 C++和 Java 非常类似。与其他语言的编译器不同，无论代码中是否有空格、回车符或制表符，C#编译器都不考虑这些字符，这样格式化代码时就有很大的自由度。

C#程序由一系列语句组成，每个语句都由一个分号来结束。C#是一种块结构语言，所有语句都是代码块的一部分。这些块用花括号"{"和"}"作为边界，代码块可以包含任意多行语句，或者根本不包含语句。简单的 C#代码块如下所示：

```
{
    代码行 1;
    代码行 2;
}
```

在这个代码块中还使用了缩进格式，使 C#程序的可读性更高。代码块可以互相嵌套，被嵌套的代码块缩进更多。

```
{
    代码行 1;
    代码行 2;
    {
        代码行 3;
        代码行 4;
    }
    代码行 5;
}
```

特别需要注意的是，C#程序是区分大小写的。因此，必须使用正确的大小写形式输入代码，简单地用大写字母代替小写字母会中断项目的编译过程。

▶ 3. 控制台输入/输出

C#程序在控制台的输入/输出都是通过 Console 类来实现的，这是.NET 框架运行时库提供的输入/输出服务。在本任务的 Main 方法中，有多个"Console.WriteLine("…");"形式的语句，这些语句中都使用了 Console 类的 WriteLine 方法，该方法可以在输出设备上输出双引号之间的字符串。Console 类还有一个 Write 方法，它与 WriteLine 方法的区别在于 Write 方法在输出字符串后多一个换行符。此外，Console 类通过 Read 方法和 ReadLine 方法实现输入，这将在后续内容中进行介绍。

 拓展学习

▶ 1. 命名空间

命名空间（namespace）也称名称空间，它提供了一种组织相关类的方式。就像在文件系统中用一个文件夹容纳多个文件一样，命名空间可以把相关的类组织起来，并且可以避免命名冲突。一个命名空间也可以包含其他的命名空间，这种划分方法的优点类似于文件系统。例如：

```
namespace StudentClubMis
{
```

```
namespace MemberManage
{
    class MyClass
    {
        …
    }
}
```

类 MyClass 的全名为 StudentClubMis.MemberManage.MyClass，如果在另一个命名空间下也有类 MyClass，虽然它们名称相同，但它们之间互不影响、互不冲突，是两个完全独立的类。

▶2. using 关键字

使用 using 关键字，可以在不使用类全名的情况下引用命名空间中的类。例如，前面提到 Console 类的全名是 System.Console，System 是 Console 类所在的命名空间，可以通过两种方法来使用 Console 类实现输出：第一种方法是直接编写语句（System.Console.WriteLine("HelloWorld!");），另一种方法则是使用 using 关键字引用命名空间，代码如下：

```
using System;              //引用命名空间
class Program
{
    static void Main(string[] args)
    {
        Console. WriteLine("我爱你，中国！");
    }
}
```

训练任务

（1）在 StudentClubMis 项目中，创建 AdminMenu.cs 类文件，在屏幕上输出"学生社团管理系统"的管理员用户菜单内容，运行结果如图 2-1-7 所示。

图 2-1-7　管理员用户菜单

（2）在 StudentClubMis 项目中，创建 UserMenu.cs 类文件，在屏幕上输出"学生社团管理系统"的普通用户菜单内容，运行结果如图 2-1-8 所示。

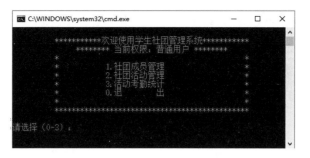

图 2-1-8　普通用户菜单

任务 2.2　定义数据类型

为了实现学生社团成员管理功能，必须可以录入并保存成员的信息，如姓名、性别、年龄、出生日期等。在本任务中，将为成员设定基本信息，由键盘输入信息并保存，最后在屏幕上输出，如图 2-2-1 所示。

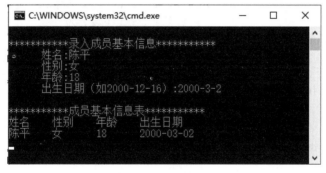

图 2-2-1　成员信息

学生社团中的成员都是学生，其基本信息包括学号、姓名、性别、年龄等。这些不同方面的信息需要用不同类型的数据来表示，信息的接收和保存可以用相应类型的变量来实现。

 实现过程

步骤一： 在 StudentClubMis 项目中新建 Student.cs 文件。

在"解决方案资源管理器"面板中，右击项目名称，执行"添加｜新建项..."菜单命令，弹出"添加新项"对话框，如图 2-2-2 所示，输入名称 Student.cs，单击"添加"按钮。

图 2-2-2 "添加新项"对话框

步骤二： 在 Student 类中添加 Main 方法，编写代码，定义变量。

```
1.  class Student
2.  {
3.      static void Main(string[] args)
4.      {
5.          string name;              //声明变量 name（姓名）为字符串类型
6.          string sex;               //声明变量 sex（性别）为字符串类型
7.          int age;                  //声明变量 age（年龄）为整型
8.          DateTime birthday;        //声明变量 birthday（出生日期）为日期时间型
9.      }
10. }
```

步骤三： 编写代码，接收通过键盘输入的信息并按格式输出。

```
1.  class Student
2.  {
3.      static void Main(string[] args)
4.      {
5～8.       ...
9.          Console.WriteLine("*******录入成员基本信息*******");
10.         Console.Write("       姓名:");
11.         name =Console.ReadLine();
12.         Console.Write("       性别:");
13.         sex = Console.ReadLine();
14.         Console.Write("       年龄:");
15.         age = Convert.ToInt32(Console.ReadLine());
16.         Console.Write("       出生日期（如 2000-12-16）:");
17.         birthday = Convert.ToDateTime (Console.ReadLine());
18.         Console.WriteLine();
19.         Console.WriteLine("**********成员基本信息表**********");
20.         Console.WriteLine("姓名\t 性别\t 年龄\t 出生日期\t ");
21.         Console.WriteLine("{0}\t{1}\t{2}\t{3}",name, sex,age,birthday.ToShortDateString());
22.         Console.ReadLine();
23.     }
24. }
```

步骤四：保存并运行程序。

单击"调试"菜单中的"开始执行不调试（Ctrl+F5）"命令，运行结果如图 2-2-1 所示。

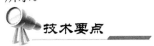**技术要点**

1. 基本数据类型

数据是计算机程序处理的对象，也是运算产生的结果。为了更好地处理各类数据，C#定义了多种数据类型，不同的数据类型所占用的存储空间是不同的。C#的主要数据类型如图 2-2-3 所示。

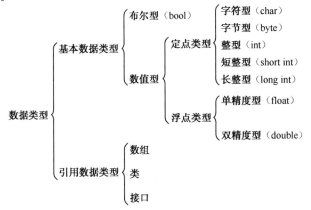

图 2-2-3　C#的主要数据类型

（1）整数类型。整数类型分为有符号整数和无符号整数，如表 2-2-1 所示。

表 2-2-1　整数类型

类　　型	允　许　的　值
sbyte	−128～127 的整数
byte	0～255 的整数
short	−32768～32767 的整数
ushort	0～65535 的整数
int	−2147483648～2147483647 的整数
uint	0～4294967295 的整数
long	−9223372036854775808～9223372036854775807 的整数
ulong	0～18446744073709551615 的整数

（2）实数类型。实数类型有 3 种，如表 2-2-2 所示。

表 2-2-2　实数类型

类　　型	允　许　的　值
float	$1.5×10^{-45}～3.4×10^{38}$ 的实数
double	$5.0×10^{-324}～1.7×10^{308}$ 的实数
decimal	$1.0×10^{-28}～7.9×10^{28}$ 的实数

（3）字符类型。字符类型包括单个字符类型与多个字符（字符串）类型，如表 2-2-3 所示。

表 2-2-3　字符类型

类　　型	允　许　的　值
char	一个 Unicode 字符
string	一组字符（字符个数没有上限，由内存决定）

（4）布尔型。布尔型（bool）是 C#中较常用的一种数据类型。当编写应用程序的逻辑流程时，值为 true 或 false 的变量有非常重要的作用。

▶2. 变量与常量

程序在处理数据时，必须将数据保存在计算机的内存中。从可变性看，数据分为变量和常量两种。

1）变量

变量是指在程序运行过程中其值可以改变的数据，要使用变量，必须为变量命名。C#中规定变量必须先声明后使用。

（1）变量的命名规则。

① 变量名的首字符必须是字母或下画线，其后的字符可以是字母、下画线或数字。

② 变量名不能是 C#的关键字。

为变量命名可以采用 camelCase 或 PascalCase 方式。

采用 camelCase 方式命名的变量如下：

```
studentAge
firstName
```

采用 PascalCase 方式命名的变量如下：

```
StudentAge
FirstName
```

（2）声明变量。

声明变量就是将要存放数据的类型告诉程序，以便为变量安排内存空间。声明变量最简单的格式为：

```
数据类型名称　变量名列表;
```

例如：

```
string studentid;              //声明变量 studentid（学号）为字符串类型;
int age;                       //声明变量 age（年龄）为整型类型;
```

可以一次声明多个变量，例如：

```
bool flag1,flag2;              //声明两个布尔型变量
```

（3）变量赋值。

为变量赋值需使用赋值号"="。例如：

```
string name;
name="张三";                   //为变量 name（姓名）赋值"张三"
name=Console.ReadLine();       //通过键盘输入为变量赋值
```

2）常量

编写程序时经常会反复使用同一个数据值，这时使用常量可以大大提高程序的可读性和易维护性。常量就是在程序运行过程中值保持不变的量。常量有直接常量和符号常量两种。

（1）直接常量。直接常量即数据值本身。

① 数值常量。数值常量就是常数，如 3.14，100。

② 字符常量。字符常量表示单个 Unicode 中的一个字符，字符常量用一对英文单引号界定，如'F'或'M'等。

在 C#中，有些字符不能直接放在单引号中作为字符常量使用，而是需要使用转义字符来表示，转义字符由反斜杠 "\\" 加字符组成，如 "\t"。常见的转义字符如表 2-2-4 所示。

表 2-2-4 转义字符

转 义 序 列	产生的字符
\'	单引号
\"	双引号
\\	反斜杠
\0	空
\a	警告（产生蜂鸣）
\b	退格
\f	换页
\n	换行
\r	回车
\t	水平制表符
\v	垂直制表符

③ 字符串常量。字符串常量就是用英文双引号括起来的一串字符。这些字符可以是除双引号和回车符、换行符以外的所有字符，如 "VS2013" "ABC"。常将双引号之间没有任何字符的字符串称为空串。

④ 布尔常量。布尔常量只有两个值：true 和 false。

（2）符号常量。符号常量是由用户根据需要自行创建的常量。定义符号常量使用 const 关键字。

声明常量的语法格式为：

```
const 类型名称 常量名=常量表达式;
```

例如：

```
const double pi=3.14159;          //将圆周率声明为双精度符号常量 pi
```

▶3. 数据类型转换

本任务通过键盘输入获取学生社团成员的信息，使用了 Console 类的 ReadLine 方法来实现，该方法将返回字符串类型数据。有时需要将返回的数据转换成其他数据类型，如整型、浮点型、时间日期类型（DateTime）等。将数据从一种类型转变为另外一种类型的过程称为数据类型转换，这在程序设计过程中很常见。

数据类型的转换方式有隐式转换、显式转换及使用特定方法或类转换。

1）隐式转换

隐式转换是系统自动执行的数据类型转换。隐式转换的基本原则是允许数值范围小的数据类型向数值范围大的数据类型转换，允许无符号的整数类型向有符号的整数类型转换。

2）显式转换

显式转换也叫强制转换，是指在代码中明确指示将某一类型的数据转换为另一种类型的数据。显式转换的一般格式为：

（数据类型名称）数据

例如：

int x=600;

short z=(short)x;

显式转换可能导致数据丢失，例如：

decimal d=234.55M;

int x=(int) d;

3）使用特定方法转换

（1）Parse 方法。Parse 方法可以将特定格式的字符串转换为数值。Parse 方法的使用格式为：

数值类型名称.Parse(字符串型表达式)

例如：

int x=int.Parse("123");

（2）ToString 方法。ToString 方法可以将其他数据类型的变量值转换为字符串类型的变量值。ToString 方法的使用格式为：

变量名称.ToString()

例如：

int x=123;

string s=x.ToString();

4）使用 Convert 类转换

Convert 类是专门进行类型转换的类，它能够实现各种基本数据类型的相互转换。Convert 类常用数据类型转换方法如表 2-2-5 所示。

表 2-2-5　Convert 类常用数据类型转换方法

方 法 格 式	示　　例	示 例 结 果
Convert.ToBoolean（字符串）	Convert.ToBoolean("false")	false（布尔型常量）
Convert.ToChar（数值型）	Convert.ToChar(97)	a（小写字母 a 的 ASCII 值为 97）
Convert.ToDateTime（日期格式字符串）	Convert.ToDateTime("2019-1-1")	2019-1-1
Convert.ToDouble（数字字符串）	Convert.ToDouble("123.45")	123.45
Convert.ToString（各种类型数据）	Convert.ToString (123)	"123"

【**代码解读**】（步骤三）

第 5～8 行：声明变量。

第 9～10 行：在屏幕上输出提示信息。

第 11 行：通过 Console.ReadLine()（键盘输入语句）对变量赋值，通过该方法返回的数据类型都是字符串类型。

第 15 行：将字符串转换为整数类型的数据。

第 17 行：将字符串转换为日期时间类型的数据。

第 18 行：输出一个空行。

第 21 行：将 4 个变量的值输出。

 拓展学习

▶1. 转义字符的使用

当需要输出字符串"d:\student.cs"时，直接执行语句"Console.WriteLine("d:\student.cs");"时，程序会报错，因为输出的字符串中包含了反斜杠。如果需要输出反斜杠，则必须使用转义字符，即两个反斜杠"\\"，这样上面的语句应改为"Console.WriteLine("d:\\student.cs");"，类似的还有"\'""\""等。

▶2. 输出文本使用技巧

方法 Console.WriteLine()用于文本的输出，括号中可以有两类参数，一类是含有占位符的字符串，另一类是用逗号分隔开的变量列表，这些变量的值将插入到输出字符串中。每个占位符用包含在花括号中的一个整数来表示。整数从 0 开始，每次递增 1，占位符的总数应等于列表中指定的变量数。把文本输出到控件台时，每个占位符会被相应变量的值替代。例如：

```
Console.WriteLine("请输入您的姓名：");      //提示用户输入
string name=Console.ReadLine();          //接受用户输入
Console.WriteLine("欢迎您，{0}!",name);    //输出信息
```

程序段的运行结果如图 2-2-4 所示。

图 2-2-4　运行结果

▶3. 进一步理解命名空间

前面提到，命名空间是 Visual Studio 提供系统资源的分层组织方式，命名空间有两种，一种是系统命名空间，另一种是用户自定义命名空间。可以使用 namespace 关键字为花括号中的代码块显式定义命名空间。如果在该命名空间代码的外部使用命名空间中的名称，就必须写出该命名空间中的限定名称。限定名称包括它的所有继承信息，限定名称在不同的命名空间级别之间使用句点字符（.）分隔。创建了命名空间后，可以使用 using 语句进行简化访问。

重新编写前面 StudentClubMis 项目中的代码，下面的代码被应用到命名空间上：

```
using System;
using System.Collections.Generic;
using System.Linq;
using System.Text;
namespace StudentClubMis
{
    …
}
```

以 using 关键字开头的 4 行声明语句在这段 C#代码中使用 System、System. Collections.Generic、System.Linq 和 System.Text 为命名空间命名，它们可以在该文件的所有命名空间中被访问。System 是.NET 框架应用程序的根命名空间。最后为应用程序代码本身声明一个命名空间 StudentClubMis。

▶ 4. DateTime 类

日期时间（DateTime）类主要用来处理日期和时间数据。在开发中经常需要获取日期和时间并进行相关运算，下面简要介绍这种类的使用方法。

DateTime 类的常用属性罗列在表 2-2-6 中。

表 2-2-6　DateTime 类的常用属性

属　　性	说　　明
Now	获取系统当前日期和时间
Today	获取系统当前日期
Date	获取日期和时间中的日期部分
Year	获取日期和时间中的年的部分
Month	获取日期和时间中的月的部分
Day	获取日期和时间中的日的部分
Hour	获取日期和时间中的时的部分
Minute	获取日期和时间中的分的部分
Second	获取日期和时间中的秒的部分

```
DateTime dt=System.DateTime.Now;          //声明日期时间变量，并赋予当前日期时间
Console.WriteLine("今年是{0}年。", dt.Year);   //访问 Year 属性，获取 dt 对象中的年份
```

代码运行后，会在屏幕中显示："今年是 2022 年。"

DateTime 类常用的方法有：AddYears()、AddMonths()、AddDays()、AddHours()、AddMinutes()、AddSeconds()等。使用这些方法可以在日期时间值中分别实现对年、月、日、时、分和秒的加减运算，例如：

```
//显示明天和昨天的日期
Console.WriteLine( "明天的日期是：{0}。", DateTime.Today.AddDays(1) );
Console.WriteLine( "昨天的日期是：{0}。", DateTime.Today.AddDays(-1) );
//从现在开始计算，2 小时 30 分之后的时间
Console.WriteLine(DateTime.Now.AddHours(2.5).ToLongTimeString());
```

上述代码中的 ToLongTimeString()方法表示将时间显示为长时间格式，长时间格式可

显示时、分和秒。相似地，还有显示短时间的方法 ToShortTimeString()，以及显示长日期和短日期的方法 ToLongDateString() 和 ToShortDateString()。例如：

```
//声明一个日期时间对象，并赋予系统当前日期时间，假设当前日期是 2022 年 8 月 1 日
DateTime dt=System.DateTime.Now;
//调用 ToShortDateString 方法，显示 dt 对象中的日期部分
Console.WriteLine("今天的日期是：{0}。", dt. ToShortDateString());
```

运行结果显示："今天的日期是：2022-8-1"。如果使用显示长日期的方法，运行结果将显示："今天的日期是：2022 年 8 月 1 日"。

 训练任务

（1）创建一个控制台应用程序，要求用户输入两个整型数据，并显示它们的乘积，如图 2-2-5 所示。

（2）创建一个控制台应用程序，要求用户输入直角三角形的两条直角边长，求出该三角形的面积，如图 2-2-6 所示。

图 2-2-5　求两个整数的乘积

图 2-2-6　求直角三角形的面积

（3）在 StudentClubMis 项目中，创建 ClubMember.cs 类文件，添加 Main 方法，要求输入某个社团学生的基本信息，并显示该学生的信息（信息包含学号、姓名、性别、年龄、出生日期、年级、系号、专业号、地址、电话号码等，数据类型自定义），如图 2-2-7 所示。

图 2-2-7　录入并显示学生的基本信息

（4）2013 年 12 月 23 日，中共中央办公厅印发《关于培育和践行社会主义核心价值观的意见》，明确提出，以"三个倡导"为基本内容的社会主义核心价值观，与中国特色社会主义发展要求相契合，与中华优秀传统文化和人类文明优秀成果相承接，是我们党凝聚全党全社会价值共识作出的重要论断。请计算一下，到今天为止，已经提出了多少天？

任务 2.3　模拟用户登录

 任务目标

在进入系统之前，为了确保用户的合法性，一般都需要进行登录验证。本任务将实现用户登录时的验证功能（用户分为管理员和普通用户两种，假设管理员的用户名和密码为

Admin，密码是：AdminA!W@b3m4，普通用户的用户名为 User，密码是 UserB!Y@c5v6），则用户登录功能运行效果如图 2-3-1 所示。

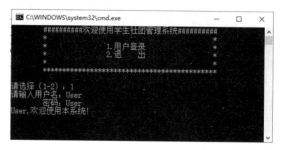

图 2-3-1　用户登录功能运行效果

当用户选择主菜单项时，程序将使用分支语句（if 语句）进行判断，并根据用户输入执行对应的程序。进行用户登录验证时，会将输入数据与正确账号进行匹配，并输出验证结果，这个过程也将使用 if 语句来实现。

34

步骤一：在 StudentClubMis 项目中新建 Login.cs 文件。新建 Login.cs 文件后，将任务 2.1 中的相应代码复制到 Main 方法中，显示主菜单代码，如图 2-3-2 所示。

```
class Login
{
    0 个引用
    static void Main(string[] args)
    {
        Console.WriteLine("\t#########欢迎使用学生社团管理系统#########");
        Console.WriteLine("\t*                                          *");
        Console.WriteLine("\t*              1.用户登录                   *");
        Console.WriteLine("\t*              2.退  出                     *");
        Console.WriteLine("\t******************************************");
        Console.WriteLine("");
        Console.Write("请选择（1-2）: ");
        Console.ReadLine();
    }
}
```

图 2-3-2　显示主菜单代码

步骤二：编写代码，实现用户登录的基本功能。

```
1.   namespace StudentClubMis
2.   {
3.       class Login
4.       {
5.           static void Main(string[] args)
6.           {
7.               Console.WriteLine("\t#########欢迎使用学生社团管理系统#########");
8.               Console.WriteLine("\t*                                          *");
9.               Console.WriteLine("\t*              1.用户登录                   *");
10.              Console.WriteLine("\t*              2.退  出                     *");
11.              Console.WriteLine("\t*                                          *");
12.              Console.WriteLine("\t******************************************");
13.              Console.WriteLine();
```

```
14.            Console.Write("请选择（1-2）：");
15.            String choice = Console.ReadLine();
16.            if (choice == "1" || choice == "2") //如果选择的是1或2将执行以下语句块
17.            {
18.                if (choice == "1" )
19.                {
20.                    Console.Write("请输入用户名：");
21.                    string userName = Console.ReadLine();
22.                    Console.Write("        密码：");
23.                    string userPass = Console.ReadLine();
24.                    if (userName == "Admin" && userPass == "AdminA!W@b3m4")
25.                    {
26.                        Console.WriteLine("{0},欢迎使用本系统！", userName);
27.                    }
28.                    else if (userName == "User" && userPass == "UserB!Y@c5v6")
29.                    {
30.                        Console.WriteLine(userName + ",欢迎使用本系统！");
31.                    }
32.                    else
33.                    {
34.                        Console.WriteLine("用户名或密码错！");
35.                    }
36.                }
37.                if (choice == "2" )
38.                {
39.                    Console.WriteLine("谢谢使用！");
40.                }
41.            }
42.            else
43.            {
44.                Console.WriteLine("输入错误！");
45.            }
46.            Console.ReadLine();
47.        }
48.    }
49. }
```

步骤三：保存并运行程序。

选择"调试｜启动调试（F5）"菜单命令或者单击工具栏上的 ▶ 按钮，即可运行程序，以普通用户的身份登录系统，输入合法的用户名及密码，运行结果如图2-3-1所示。

🔍 技术要点

▶ 1. 运算符和表达式

C#中的表达式类似于数学运算中的表达式，是由运算符、操作对象和标点符号连接而成的式子。运算符有两个特性：优先级特性和结合特性。优先级特性规定优先级高的运算先执行，优先级低的运算后执行；在相同优先级的情况下，结合特性决定运算的顺序，左结合的从左往右算，右结合的从右往左算。

（1）运算符的类型。

根据运算符作用的操作数个数来划分运算符的类型，C#有三种类型的运算符。

① 一元运算符。一元运算符作用于一个操作数，包括前缀运算符和后缀运算符。

② 二元运算符。二元运算符作用于两个操作数，使用时在操作数中间插入运算符。

③ 三元运算符。C#仅有一个三元运算符（？:），三元运算符作用于三个操作数，使用时在操作数中间插入运算符。

例如：

```
int x=1,y=2,z=3;
x++;                //后缀一元运算符，运行后 x 的值为 2
--y;                //前缀一元运算符，运行后 y 的值为 1
z=z*3;              //二元运算符，运行后 z 的值为 9
x=(z>0?1:0);        //三元运算符，运行后 x 的值为 1
```

运算符的作用和用法如表 2-3-1 所示。

表 2-3-1　运算符的作用和用法

类　别	运 算 符	示例表达式	结　果
算术运算符	+	Var1=Var2+Var3	Var1 的值等于 Var2 与 Var3 的和（如果 Var2 和 Var3 是字符串，则 Var1 等于 Var2 和 Var3 连接后的字符串）
	-	Var1=Var2-Var3	Var1 的值等于 Var2 与 Var3 的差
	*	Var1=Var2*Var3	Var1 的值等于 Var2 与 Var3 的乘积
	/	Var1=Var2/Var3	Var1 的值等于 Var2 除以 Var3 的商
	%	Var1=Var2%Var3	Var1 的值等于 Var2 除以 Var3 的余数
	++	Var1=++Var2	Var1 的值等于 Var2+1，Var2 递增 1
	--	Var1=Var2--	Var1 的值等于 Var2，Var2 递减 1
三元运算符	? :	Var1=(Var2>0?1: 0)	如果 Var2>0 的条件成立，则 Var1=1，否则 Var1=0
成员访问运算符	.	数据结构.成员	用于访问数据结构的成员
赋值运算符	=	Var1=Var2	Var1 的值等于 Var2（Var2 已赋值）
逻辑运算符	&&	Var1=Var2&&Var3	如果 Var2 和 Var3 都是 true，则 Var1 的值为 true，否则为 false（逻辑与）
	||	Var1=Var2||Var3	如果 Var2 或 Var3 为 true，则 Var1 的值为 true，否则为 false(逻辑或)
	!	Var1=!Var2	如果 Var2 是 true，则 Var1 的值为 false；如果 Var2 是 false，则 Var1 的值为 true（逻辑非）
	()	Var1=(int)Var2	将 Var2 强制转换为整型

（2）关系运算符。

关系运算符有：>（大于）、>=（大于等于）、<（小于）、<=（小于等于）、==（等于）、!=（不等于）。

例如：

```
Var1==Var2;        //Var1 等于 Var2
Var1!=Var2;        //Var1 不等于 Var2
```

（3）运算符的优先级。

在计算表达式时，每个运算符都会按顺序进行运算。但这并不意味着从左到右地运行这些运算符，而是按照运算符的优先级从高到低进行运算。

例如：

```
Var1=(Var2+Var3)*Var4;
```

其中，括号的优先级最高，因此首先计算括号内两数据的加法；其次，由于乘号的优先级比赋值号高，所以再计算乘法；最后执行赋值语句，将结果赋值给 Var1。

C#中运算符的优先级如表 2-3-2 所示，运算符优先级相同的运算按照从左到右的顺序计算。

表 2-3-2　运算符的优先级（从高到低）

类　　别	运　算　符
一元运算符	+（取正）、-（取负）、!、++x、--x
乘、除、求余运算符	*、/、%
加、减运算符	+、-
关系运算符	<、>、<=、>=、==、!=
逻辑与运算符	&&
逻辑或运算符	‖
条件运算符	? :
赋值运算符	=、*=、/=、+=、-=、

▶2. 顺序结构

顺序结构程序的执行按照语句行的先后次序、自上而下地进行，且不遗漏任何代码。如果所有的应用程序都这样执行，那么程序的功能就很简单了。

▶3. 选择结构

选择结构可以控制下一步要执行的代码，要跳转到的代码行由某个条件语句控制。这个条件语句使用布尔逻辑，用一个或多个可能的值与测试值进行比较。在本任务中，程序要根据用户的输入有选择性地执行相应语句，因此使用了选择结构的 if 语句，下面介绍其使用方法。

if 语句的功能比较多，它能够进行有效决策。if 语句有 3 种格式。

格式一：

```
if(表达式)
{
    语句块1;
}
```

这种格式的 if 语句只需要判定某种条件是否成立，成立时才执行语句块 1，不成立时不做处理。因此这种格式的 if 语句也被称为非对称的 if 语句。

格式二：

```
if(表达式)
{
    语句块1;
}
else
{
```

```
        语句块 2;
    }
```

这种格式的 if 语句（if...else 语句）先判断条件是否成立，条件成立时执行语句块 1，条件不成立时执行语句块 2。因此这种格式的 if 语句也被称为对称的 if 语句。

格式三：

```
if(表达式一)
{
    语句块 1;
}
else if(表达式二)
{
    语句块 2;
}
else
{
    语句块 3;
}
```

这种格式的 if 语句适用于存在两种以上的可能情况，执行时先判断表达式一是否成立，如果成立则执行语句块 1，如果表达式一不成立，再继续判断表达式二是否成立，如果表达式二成立则执行语句块 2，如果都不成立，则执行语句块 3。这种形式也被称为 if 语句的嵌套。

【代码解读】（步骤二）

第 7～13 行：在屏幕上输出系统主菜单。

第 15 行：从键盘上读取字符串。

第 16 行：根据被选择的菜单编号，使用 if 语句进行判断并设置逻辑条件，使用逻辑或（||）和关系运算符等于（==）判断字符串是否相等。

第 24～35 行：使用嵌套的 if...else 语句，判断用户名及密码的正确性。

第 30 行：使用了字符串连接符号"+"用于完整信息的输出，输出效果与 26 行相同。

 拓展学习

▶ 1. 对称的 if 语句与三元运算符

如果要将 Var1 和 Var2 之间较大的值赋给变量 Max，则可以使用 if 语句的第二种格式，代码实现如下：

```
if (Var1>Var2)
    Max=Var1;
else
    Max=Var2;
```

使用三元运算符也可以实现以上功能：

```
Max=(Var1>Var2? Var1:Var2)
```

▶ 2. 字符串连接符

前面讲过，Console.WriteLine 方法用于文本输出。既可以使用格式字符串的方式输出文本，也可以使用字符串连接符号（+）的方式直接输出整个字符串的值，不用占位符。

读者可以对比本任务实现过程步骤二代码的第 26 行与 30 行，加深理解。

**训练任务**

（1）创建一个控制台应用程序，要求用户输入两个整型数据，输出这两个数中的较小数，如图 2-3-3 所示。

（2）创建一个控制台应用程序，要求其可以根据性别、身高及体重，输出身高和体重比例是否正常。计算公式如下：

身高和体重比例正常范围：|身高-105-体重|<2　　（男性）

|身高-110-体重|<2　　（女性）

运行效果如图 2-3-4 所示。

图 2-3-3　输出较小数　　　　图 2-3-4　输出身高和体重比例是否正常

（3）勾股定理是一个基本的初等几何定理，直角三角形两直角边的平方和等于斜边的平方。在中国，商朝的商高提出了"勾三股四弦五"的勾股定理的特例。根据输入的三条边，判断能否构成直角三角形。

任务 2.4　菜单选择

任务目标

"学生社团管理系统"中的各项功能都将通过菜单来调用。本任务将在任务 2.3 的基础上，使用多分支语句实现普通用户菜单选择的功能（普通用户菜单项包括社团成员管理、社团活动管理、活动考勤统计和退出）。

任务分析

当用户选择菜单项时，如果菜单项数量多，则相应的选择分支就比较多，使用 if 语句的数量也多，会导致程序冗长、可读性下降。本任务将使用多分支语句（switch 语句）来实现用户菜单选择的功能，运行效果如图 2-4-1 所示。

图 2-4-1　用户菜单选择功能运行效果

实现过程

步骤一： 打开项目，修改 Login.cs 文件的代码。

对任务 2.3 中创建的代码做简要修改，实现当用户登录成功后，可以根据用户类型显示相应菜单的功能，修改后的代码如下：

```
1.  namespace StudentClubMis
2.  {
3.      class Login
4.      {
5.          static void Main(string[] args)
6.          {
7.              Console.WriteLine("#########欢迎使用学生社团管理系统##########");
8.              Console.WriteLine("*                                        *");
9.              Console.WriteLine("*               1.用户登录                *");
10.             Console.WriteLine("*               2.退    出                *");
11.             Console.WriteLine("*                                        *");
12.             Console.WriteLine("\t***************************************");
13.             Console.WriteLine();
14.             Console.Write("请选择（1-2）：");
15.             string choice = Console.ReadLine();
16.             if (choice == "1" || choice == "2") //如果选择的是 1 或 2 将执行以下语句块
17.             {
18.                 if (choice == "1" )
19.                 {
20.                     Console.Write("请输入用户名：");
21.                     string userName = Console.ReadLine();
22.                     Console.Write("        密码：");
23.                     string userPass = Console.ReadLine();
24.                     if (userName == "Admin" && userPass == "Admin")
25.                     {
26.                         Console.WriteLine("{0},欢迎使用本系统！", userName);
27.                     }
28.                     else if (userName == "User" && userPass == "User")
29.                     {
30.                         Console.WriteLine();
31.                         Console.WriteLine("******欢迎使用学生社团管理系统******");
32.                         Console.WriteLine("     ***** 当前权限：普通用户 *****  ");
33.                         Console.WriteLine("*                                  *");
34.                         Console.WriteLine("*          1.社团成员管理          *");
35.                         Console.WriteLine("*          2.社团活动管理          *");
36.                         Console.WriteLine("*          3.活动考勤统计          *");
37.                         Console.WriteLine("*          0.退    出              *");
38.                         Console.WriteLine("*                                  *");
39.                         Console.WriteLine("**********************************");
```

40

```
40.                         Console.WriteLine();
41.                         Console.Write("请选择（0-3）: ");
42.                     }
43.                 else
44.                 {
45.                         Console.WriteLine("用户名或密码错！");
46.                 }
47.             }
48.             if (choice == "2")
49.             {
50.                     Console.WriteLine("谢谢使用！");
51.             }
52.         }
53.         else
54.         {
55.             Console.WriteLine("输入错误！");
56.         }
57.         Console.ReadLine();
58.         }
59.     }
60. }
```

步骤二： 在 41 行后编写代码，使用 switch case 多分支语句实现普通用户菜单选择。

```
1.  namespace StudentClubMis
2.  {
3.      class Login
4.      {
5.          static void Main(string[] args)
6.          {
7～27.       ...
28.             else if (userName == "User" && userPass == "User")
29.             {
30.                 Console.WriteLine();
31.                 Console.WriteLine("*******欢迎使用学生社团管理系统********");
32.                 Console.WriteLine("   ******** 当前权限: 普通用户 ********");
33.                 Console.WriteLine("*                                      *");
34.                 Console.WriteLine("*              1.社团成员管理           *");
35.                 Console.WriteLine("*              2.社团活动管理           *");
36.                 Console.WriteLine("*              3.活动考勤统计           *");
37.                 Console.WriteLine("*              0.退      出            *");
38.                 Console.WriteLine("*                                      *");
39.                 Console.WriteLine("*********************************");
40.                 Console.WriteLine();
41.                 Console.Write("请选择（0-3）: ");
```

```
42.                    int menuNo =int.Parse ( Console.ReadLine());
43.                    switch (menuNo )
44.                    {
45.                         case 0: Console.WriteLine("谢谢使用！"); break;
46.                         case 1: Console.WriteLine("欢迎进入社团成员管理！"); break;
47.                         case 2: Console.WriteLine("欢迎进入社团活动管理！"); break;
48.                         case 3: Console.WriteLine("欢迎进入活动考勤统计！"); break;
49.                         default: Console.WriteLine("输入有误！"); break;
50.                    }
51.              }
52.          …
53.      }
54. }
```

步骤三：保存并运行程序。选择"调试 | 启动调试（F5）"菜单命令或者单击工具栏上的 ▶ 按钮，即可运行程序，运行效果如图 2-4-1 所示。

42

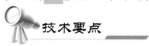

技术要点

▶ 多分支语句（switch 语句）

switch 语句与 if 语句类似，也是根据测试变量的值有条件地执行代码。但 switch 语句可以一次将测试变量与多个值进行比较，而不是仅测试一个条件，因此又称为多分支语句。

switch 语句的基本结构如下：

```
switch (测试变量)
{
    case 常量 1:语句块 1;break;
    case 常量 2:语句块 2;break;
    …
    case 常量 n:语句块 n;break;
    default:  语句块 n+1; break;
}
```

switch 语句的执行过程是：将 switch 后测试变量的值与 case 后的各个常量进行比较，程序跳转到值相等的 case 常量后的语句执行，执行过程中一旦遇到 break 语句就跳出 switch 语句；如果无一值相等，则执行 default 后的语句块 n+1；如果既无一值相等又没有 default，则不执行 switch 中的任何语句。例如：

```
string weekday=Console.ReadLine();
switch (weekday)
{
    case "Monday":Console.Write("星期一");break;
    case "Tuesday": Console.Write("星期二");break;
    case "Wednesday": Console.Write("星期三");break;
    case "Thursday": Console.Write("星期四");break;
    case "Friday": Console.Write("星期五");break;
    case "Saturday": Console.Write("星期六");break;
```

```
        case "Sunday": Console.Write("星期日");break;
        default:  Console.Write("输入有误！"); break;
    }
```

从键盘输入字符串"Tuesday"，将输出"星期二"。请注意，在 C#的 switch 语句中，如果 case 分支有语句，则后面必须有 break 语句，否则将编译出错。

【代码解读】（步骤二）

第 42 行：声明 menuNo 为整型变量，而 Console.ReadLine 方法获取的是字符串，因此使用了 Parse 方法，将字符串转换成整型。

 拓展学习

❯ switch 语句的测试变量

假设某篮球专卖店的篮球单价为 145 元/个，顾客可根据购买数量享受不同折扣的优惠：一次购买 10 个以下不打折；一次购买 20 个以内打 9 折；一次购买 30 个以内打 8 折；一次购买 40 个以内打 7 折；一次购买超过 40 个（含 40 个）单价一律按 65 元/个计。思考如何使用 switch 语句来实现？

要解决这个问题，无非就是要写好测试变量的表达式，可以用下面的方法来实现：

```
int count;                    //声明变量count，用来存放购买的篮球数量
double money=145*count;       //声明变量money，用来存放购买篮球的总金额
switch (count/10)
{
    case 1: money= money *0.9; break;
    case 2: money= money *0.8; break;
    case 3: money= money *0.7; break;
    default: money=65*count; break;
}
```

训练任务

（1）一年四季，按照农历一般规定 1～3 月为春季，4～6 月为夏季，7～9 月为秋季，10～12 月为冬季。创建一个控制台应用程序，实现当输入农历月份（1～12）时，输出对应的季节，运行效果如图 2-4-2 所示。

（2）某航空公司规定：根据月份与订票张数决定机票价格的优惠率，在旅游的旺季 7～9 月，订票超过 20 张，票价优惠 15%，订票 20 张以下，优惠 5%；在旅游的淡季 1～5 月、10 月、11 月，如果订票数超过 20 张，票价优惠 30%，订票 20 张以下，优惠 20%；其他情况一律优惠 10%。创建一个控制台应用程序，当输入月份和订票数时，输出优惠率，运行效果如图 2-4-3 所示。

图 2-4-2　季节输出运行效果

图 2-4-3　优惠率输出运行效果

（3）参照本任务，使用多分支语句实现管理员用户菜单选择的功能（管理员用户菜单包括社团信息管理、系统用户管理及退出）。管理员用户菜单选择运行效果如图 2-4-4 所示。

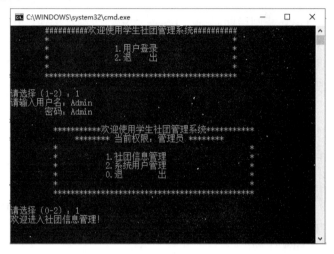

图 2-4-4　管理员用户菜单选择运行效果

任务 2.5　菜单重现

任务目标

　　细心的读者会发现，任务 2.3 中的用户登录功能有不足之处，即当用户名或密码错误时，系统输出结果后无法重新登录，而任务 2.4 中的用户菜单也只能选择一次，这使程序有了很大的局限性，影响使用效果。本任务将实现主菜单及普通用户菜单的重现功能，通过与用户的交互，实现对系统功能的灵活使用，程序运行界面如图 2-5-1、图 2-5-2 所示。

图 2-5-1　用户登录菜单重现

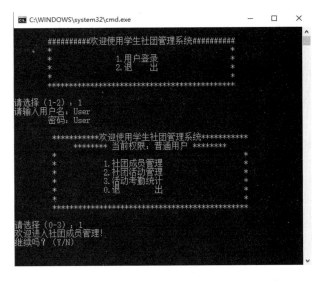

图 2-5-2　用户主菜单重现

 任务分析

本任务的功能可以通过循环结构实现。循环允许多次执行一个语句或语句组，实现某些规律性的重复操作。菜单的重现即重复执行菜单显示的相关语句。何种条件下执行，重复执行多少次，都可以利用 C#循环语句来控制。

 实现过程

步骤一： 打开项目，在 Login.cs 文件中编写代码。

在任务 2.4 的基础上，在 Login.cs 文件 Main 方法的第一行添加代码，定义 bool 类型变量 isExit。

```
bool isExit=false;
```

步骤二： 添加 while 和 do-while 循环语句，实现主菜单和用户菜单的循环显示。

```
1.  class Login
2.  {
3.      static void Main(string[] args)
4.      {
5.          bool isExit=false;    //定义变量，标记是否退出
6.          while(!isExit)        //循环显示主菜单
7.          {
8.              Console.WriteLine("\t#########欢迎使用学生社团管理系统##########");
9.              Console.WriteLine("\t*                                          *");
10.             Console.WriteLine("\t*             1.用户登录                    *");
11.             Console.WriteLine("\t*             2.退    出                    *");
12.             Console.WriteLine("\t*                                          *");
13.             Console.WriteLine("\t******************************************");
14.             Console.WriteLine();
15.             Console.Write("请选择（1-2）: ");
```

```
16.                    string choice = Console.ReadLine();
17.                    if (choice == "1" || choice == "2")
18.                    {
19.                        if (choice == "1")
20.                        {
21.                            Console.Write("请输入用户名： ");
22.                            string userName = Console.ReadLine();
23.                            Console.Write("        密码： ");
24.                            string userPass = Console.ReadLine();
25.                            if (userName == "Admin" && userPass == "Admin")
26.                            {
27.                                ...        //显示管理员用户菜单
28.                            }
29.                            else if (userName == "User" && userPass == "User")
30.                            {
31.                                string answer="";
32.                                do                //循环显示普通用户菜单
33.                                {
34.                                    Console.WriteLine("****欢迎使用学生社团管理系统***");
35.                                    Console.WriteLine("***** 当前权限: 普通用户 *****");
36.                                    Console.WriteLine("*                          *");
37.                                    Console.WriteLine("*        1.社团成员管理        *");
38.                                    Console.WriteLine("*        2.社团活动管理        *");
39.                                    Console.WriteLine("*        3.活动考勤统计        *");
40.                                    Console.WriteLine("*        0.退      出         *");
41.                                    Console.WriteLine("*                          *");
42.                                    Console.WriteLine("****************************");
43.                                    Console.Write("请选择（0-3）： ");
44.                                    int menuNo = int.Parse(Console.ReadLine());
45.                                    switch (menuNo)
46.                                    {
47.                                        case 0: choice = "2" break;
48.                                        case 1: Console.WriteLine("欢迎进入社团成员管理! "); break;
49.                                        case 2: Console.WriteLine("欢迎进入社团活动管理! "); break;
50.                                        case 3: Console.WriteLine("欢迎进入活动考勤统计! "); break;
51.                                        default: Console.WriteLine("输入有误! "); break;
52.                                    }
53.                                    if (menuNo!=0)
54.                                    {
55.                                        Console.WriteLine("继续吗？（Y/N）");
56.                                        answer = Console.ReadLine();
57.                                        while (answer != "Y" && answer != "N")
58.                                        {
59.                                            Console.WriteLine("输入有误请重输! ");
60.                                            answer = Console.ReadLine();
61.                                        }
62.                                    }
63.                                } while (answer=="Y");
```

```
64.                        if (answer == "N")
65.                        {
66.                            choice = "2"
67.                        }
68.                    }
69.                    else
70.                    {
71.                        Console.WriteLine("用户名或密码错！");
72.                    }
73.                }
74.                if (choice == "2" )
75.                {
76.                    Console.WriteLine("谢谢使用！");
77.                    isExit = true;
78.                }
79.            }
80.            else
81.            {
82.                Console.WriteLine("输入错误！");
83.            }
84.        }
85.        Console.ReadLine();
86.    }
87. }
```

步骤三：保存并运行程序，执行"调试|启动调试（F5）"命令或者单击工具栏上的 ▶ 按钮，即可运行程序，运行结果如图 2-5-1、图 2-5-2 所示。

技术要点

循环结构

循环就是重复执行一些语句。循环结构使用起来非常方便，因为可以对操作重复任意多次，无须每次都编写相同的代码。C#中提供了 4 种循环语句：while 循环、do…while 循环、for 循环和 foreach 循环。

（1）while 循环。

while 循环常用于循环次数未知的情况，在进入循环时先判断循环条件，当循环条件满足时，进入循环，否则退出循环。while 循环也被称为"当"型循环。

① while 循环的语法格式。

```
while(条件表达式)
{
    循环语句序列
}
```

在这里，循环语句序列是循环体，它可以是一个单独的语句，也可以是几个语句组成的代码块。条件表达式用于表示循环条件，它可以是任意的表达式，当表达式为任意非零值时循环条件都为真。当循环条件为真时执行循环语句序列。while 循环的关键点是循环体可能一次都不会执行。当条件被测试且结果为假时，程序会跳过循环体，直接执行紧接着 while 循环的下一个语句。

② while 循环语句的使用。

例如，计算 1～100 的和，代码如下：

```
int i=1;
int sum=0;
while(i<=100)
{
    sum=sum+i;
    i=i+1;
}
Console.WriteLine("1 到 100 的和为: "+sum);
```

（2）do...while 循环。

do...while 循环也用于无法预知循环次数的情况。和 while 循环不同的是，do...while 循环是在循环体执行结束时对循环条件进行测试。

① do...while 循环的语法格式。

```
do
{
    循环语句序列
} while(条件表达式);
```

② do...while 循环的使用。

将 while 循环用 do...while 循环改写，代码如下：

```
int i=1;
int sum=0;
do
{
    sum=sum+i;
    i=i+1;
}while(i<=100);
Console.WriteLine("1 到 100 的和为: "+sum);
```

可以利用 do...while 循环实现用户名和密码的输入，直到正确为止，代码如下：

```
string username = "";
string pwd = "";
do
{
    Console.WriteLine("请输入账号");
    username = Console.ReadLine();
    Console.WriteLine("请输入密码");
    pwd = Console.ReadLine();
} while (username != "Admin" || pwd != "123456");
```

（3）for 循环。

for 循环适用于"已知循环次数"的循环。

① for 循环的语法格式。

```
for(循环初始值; 循环条件; 改变循环变量的值)
```

for 循环把与循环次数有关的元素都放在"()"中，使"{}"中的循环体更加纯粹，程序结构更加清晰。

② for 循环的使用。

循环输出 1～10，代码如下：

```
int i;                    //声明循环变量 i
for (i=1;i<=10;i++)       //循环变量的初始值为 1，每次递增 1，直到 i 大于 10 循环结束
{
    Console.WriteLine(i);
}
```

用 for 循环改写计算 1～100 的和的程序，代码如下：

```
int i;
int sum=0;
for (i=1;i<=10;i++)
{
    sum = sum+i;
}
Console.WriteLine("1 到 100 的和为：" +sum);
```

（4）foreach 循环。

foreach 循环可以使用一种简单的语法格式定位数组和集合中的每个元素。

① foreach 循环的语法格式。

```
foreach(类型 循环变量名 in 表达式)
{
    循环语句序列
}
```

② foreach 循环的使用。

```
int[] arr = { 1, 2, 3, 4, 5 };      //数组声明
foreach (int i in arr)
{
    Console.WriteLine(i);
}
```

foreach 循环语句只能用于遍历数组和集合，循环变量的数据类型必须与数组或集合中的每一项的数据类型相同。在循环体中，不能更改集合或数组，所以也被称为"只读循环"。

【代码解读】（步骤二）

第 5 行：声明布尔型变量 isExit，作为是否退出循环的标记。

第 6 行：while 循环，条件表达式!isExit 等价于 isExit==false。

第 57～61 行：while 循环，保证用户输入正确字符。

 拓展学习

▶ **多重循环**

在程序设计中，常常需要使用循环的嵌套来处理重复操作。当一个循环（外循环）的循环语句序列内包含另一个或若干个循环（内循环）时，称为循环的嵌套，这样的语句结构称为多重循环结构。

下面的例子使用了两重循环。外循环控制打印的行数，内循环控制每行打印星号的个数，两重循环程序运行结果如图 2-5-3 所示。

```
int rows = 5;                          //打印的行数
int i, j;                              //循环变量
for (i = 1; i <= rows; i++)            //外循环控制打印的行数
{
    for (j = 1; j <= i; j++)           //内循环控制每行打印*的个数
    {
        Console.Write("*");            //打印一个星号
    }
    Console.WriteLine();               //打印完一行之后换行
}
```

图 2-5-3　两重循环程序运行结果

（1）假设某培训机构 2018 年培训学员 4 万人，按每年 25%的增长速度，到哪一年培训学员人数超过 20 万人？编写程序，计算并输出结果。

（2）编写程序，依次输入 10 位学员的英语成绩（需提示当前是第几位学员），计算班级学员的英语平均成绩。

（3）创建一个控制台应用程序，要求输出一个等腰三角形图案，图案效果如图 2-5-4 所示。

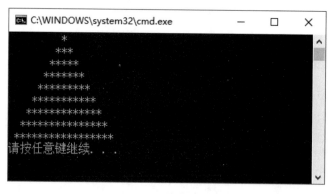

图 2-5-4　等腰三角形图案效果

任务 2.6　社员信息管理

任务目标

一个社团包含很多成员，每个成员的信息包括姓名、性别、年龄和出生日期等。本任务将实现添加社员（信息）、社员列表及社员查询等功能，并通过菜单调用这些功能，如图 2-6-1、图 2-6-2 所示。

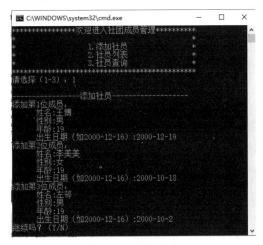

图 2-6-1　添加社员

图 2-6-2　社员列表和社员查询

任务分析

社员具有姓名、性别等多项信息，使用结构体类型可将这些信息集中成一个整体，而批量数据的保存可以通过结构体数组实现，社员列表和社员查询功能可以通过循环语句实现。

实现过程

步骤一：在 StudentClubMis 项目中新建 StudentManage.cs 文件。

步骤二：添加 Main 方法，编写代码，实现输出社员信息管理模块菜单项的功能。

```
1.  class StudentManage
2.  {
3.      static void Main(string[] args)
4.      {
5.          string answer="";
6.          do
7.          {
8.              Console.WriteLine("**********欢迎使用学生社团管理系统**********");
9.              Console.WriteLine("                                              ");
10.             Console.WriteLine("*                      1.添加社员              *");
11.             Console.WriteLine("*                      2.社员列表              *");
12.             Console.WriteLine("*                      3.社员查询              *");
13.             Console.WriteLine("********************************************");
14.             Console.Write("请选择（1-3）：");
15.             string choice = Console.ReadLine();
16.             switch (choice)
17.             {
18.                 case "1": Console.WriteLine("添加社员！"); break;
19.                 case "2": Console.WriteLine("社员列表！"); break;
20.                 case "3": Console.WriteLine("社员查询！"); break;
21.                 default: Console.WriteLine("输入有误！"); break;
22.             }
23.             Console.WriteLine("继续吗？（Y/N）");
24.             answer = Console.ReadLine();
25.             while (answer != "Y" && answer != "N")
26.             {
27.                 Console.WriteLine("输入有误请重输！");
28.                 answer = Console.ReadLine();
29.             }
30.         }while (answer=="Y");
31.     }
32. }
```

步骤三：在 Main 方法外部，声明表示社团成员的结构体类型 Student。

```
1.  public struct Student              //声明结构体类型 Student
2.  {
3.      public string name;            //姓名
4.      public string sex;             //性别
5.      public int age;                //年龄
6.      public DateTime birthday;      //出生日期
7.  }
```

步骤四：声明社团成员数组，编写代码，实现添加社员、社员列表和社员查询功能。

```
1.  static void Main(string[] args)
2.  {
```

```
3.      Student[] studentArr=new Student[3];    声明结构数组
4.      string answer="";
5.      do
6.      {
7.          Console.WriteLine("**********欢迎进入社团成员管理***********");
8.          Console.WriteLine("                                              ");
9.          Console.WriteLine("*                  1.添加社员              *");
10.         Console.WriteLine("*                  2.社员列表              *");
11.         Console.WriteLine("*                  3.社员查询              *");
12.         Console.WriteLine("*****************************************");
13.         Console.Write("请选择（1-3）: ");
14.         string choice = Console.ReadLine();
15.         switch (choice)
16.         {
17.             case "1":
18.                 Console.WriteLine("\n---------------添加社员-----------------");
19.                 for (int i = 0; i < studentArr.Length; i++)
20.                 {
21.                     Console.WriteLine("添加第{0}位成员: ",i+1);
22.                     Console.Write("      姓名:");
23.                     studentArr[i].name = Console.ReadLine();
24.                     Console.Write("      性别:");
25.                     studentArr[i].sex = Console.ReadLine();
26.                     Console.Write("      年龄:");
27.                     studentArr[i].age = Convert.ToInt32(Console.ReadLine());
28.                     Console.Write("      出生日期（如2000-12-16）:");
29.                     studentArr[i].birthday = Convert.ToDateTime(Console.ReadLine());
30.                 }
31.                 break;
32.             case "2":
33.                 Console.WriteLine("\n---------------社员列表----------------");
34.                 Console.WriteLine("姓名\t性别\t年龄\t出生日期");
35.                 for (int i = 0; i < studentArr.Length; i++)        //for循环输出社员信息
36.                 {
37.                     Console.WriteLine(studentArr[i].name + "\t" + studentArr[i].sex + "\t"
                        + studentArr[i].age + "\t" + studentArr[i].birthday.ToShortDateString());
38.                 }
39.                 break;
40.             case "3":
41.                 Console.WriteLine("\n---------------社员查询----------------");
42.                 Console.Write("请输入社员姓名: ");
43.                 string name = Console.ReadLine();
44.                 bool find=false;
45.                 for (int i = 0; i < studentArr.Length; i++)
46.                 {
47.                     if (studentArr[i].name==name)
48.                     {
49.                         Console.WriteLine("该成员的信息如下: ");
```

```
50.              Console.WriteLine("姓名\t 性别\t 年龄\t 出生日期");
51.              Console.WriteLine(studentArr[i].name + "\t" +
                 studentArr[i].sex + "\t" + studentArr[i].age + "\t"
                 + studentArr[i].birthday.ToShortDateString());
52.              find=true;
53.              break;                  //跳出循环
54.          }
55.        }
56.        if (find==false)
57.            Console.WriteLine("无此社员！ ");
58.        break;
59.    default: Console.WriteLine("输入有误！ "); break;
60.  }
61.  Console.WriteLine("继续吗？（Y/N）");
62.  answer = Console.ReadLine();
63.  while (answer != "Y" && answer != "N")
64.  {
65.      Console.WriteLine("输入有误请重输！ ");
66.      answer = Console.ReadLine();
67.  }
68. }while (answer=="Y");
69. Console.ReadLine();
70. }
```

步骤五： 保存并运行程序，执行"调试 | 启动调试（F5）"命令或单击工具栏上的 ▶
按钮，即可运行程序，运行结果如图 2-6-1、图 2-6-2 所示。

技术要点

▶1. 结构体

在现实生活中，我们通常将相关的一些数据作为一个整体来处理。在本任务中，为了显示所有社团成员的姓名、年龄、出生日期、性别等信息，我们把这些数据组合起来，这个组合需要包含若干个类型不同的数据项。在 C#中实现这一功能的数据类型是结构体。

（1）声明结构体类型。

声明结构体的语法格式为：

```
访问修饰符  struct  结构体名
{
    成员变量;
}
```

例如：

```
public struct Club                      //声明结构体类型 Club
{
    public int clubid;                  //定义成员变量社团号
    public string clubname;             //定义成员变量社团名
    public DateTime foundDate;          //定义成员变量成立日期
}
```

声明结构体类型以后，就可以声明新类型的变量来使用该结构体类型。

例如：

| Club　myclub | //声明 Club 结构体变量 myclub |

成员变量声明时所使用的关键字 public 是访问修饰符，表示成员变量具有公共的访问权限，C#中有多种访问修饰符（关于访问修饰符的详细介绍请参见本书项目3）。

（2）对成员变量的访问。

访问成员变量的格式为：

结构体变量名.成员变量

例如：myclub.clubname= "动漫社";，这里的"."是成员访问符。

2. 数组

数组是由一组类型相同的有序数据构成的，是一个下标变量的列表，存储在数组类型的变量中。一个数组可以含有若干个数组元素，下标用来指出某个数组元素在数组中的位置。数组中第一个元素的下标默认为 0，第二个元素的下标为 1，依次类推。数组的下标必须是非负的整型数据。若只用一个下标就能确定一个数组元素在数组中的位置，则称该数组为一维数组。

（1）一维数组的声明。

声明一维数组的格式为：

访问修饰符 类型名称[ ] 数组名;

例如：int[ ] Arr;。

数组在声明后必须实例化才可以使用。实例化数组的格式为：

数组名称=new 类型名称[无符号整型表达式];

例如：Arr=new int[5];。

（2）访问数组。

使用数组名与下标可以确定数组中的某个元素，从而实现对该元素的访问。

例如：

```
int x=4,y=5;
int [ ] Arr=new int[3]{1,2,3};
string[] wordArray=new string[8]{"富强", "民主", "文明", "和谐", "自由", "平等", "公正","法治","爱国","敬业", "诚信","友善"}

x=Arr[0];                //使用数组第 0 个元素的值为其他变量赋值，x 的值为 1
Arr[2]=y;                //为数组第 2 个元素赋值
for (int i = 0; i <3; i++)    //使用 for 循环遍历数组
{
    Console.WriteLine(Arr[i]);
}
foreach (int i in Arr)      //用 foreach 循环遍历数组
{
    Console.WriteLine(i);
}
foreach (int word in wordArr)    //用 foreach 循环输出社会主义核心价值观
{
    Console.WriteLine(word);
}
```

▶3. 转向语句

转向语句用于改变程序的执行流程。C#提供了许多可以实现立即跳转的语句，常用的有 break 语句和 continue 语句，下面介绍这两种语句的用法。

（1）break 语句。

break 语句在多分支选择（switch）语句中的作用是跳出 switch 语句，它也可以用于中断循环，使循环不再执行，且程序流将继续执行紧接着循环的下一条语句。

break 语句的示例代码如下：

```
int a = 0;
for (int i = 1; i <=5; i++)
{
    a++;
    if (a == 1)
        break;
}
Console.WriteLine("a=" + a);
```

程序输出结果为：a=1。当 a 为 1 时，执行 break 语句跳出整个循环，循环只执行一次。

在本任务程序中，如果已经找到目标社员，那么就不必再执行循环语句了，通过 break 语句退出循环，可提高程序的执行效率。

（2）continue 语句。

continue 语句类似 break 语句，但它不强迫终止循环，continue 语句的作用是结束本次循环，跳过该语句之后的循环语句，返回循环的起始处，并根据循环条件决定是否执行下一次循环。

continue 语句的示例代码如下：

```
int a = 0;
for (int i = 1; i<=5; i++)
{
    a++;
    if (a == 1)
        continue;
}
Console.WriteLine("a=" + a);
```

程序输出结果为：a=5。当 a 为 1 时，执行 continue 语句跳出本次循环，继续下一次循环，循环共执行 5 次。

再看下面这段代码，使用 while 循环和 continue 语句求 100 以内 3 的倍数之和。

```
static void Main(string[] args)
{
    int sum=0;
    for (int i = 1; i < 100; i++)
    {
        if (i % 3 != 0)
            continue;       //当 i 为非 3 倍数时，不执行循环体中的语句 sum += i;
        sum += i;
    }
    Console.Write("1 到 100 能被 3 整除的自然数之和等于{0}", sum);
    Console. ReadLine();
}
```

通过对 continue 语句的使用，上面的代码实现了计算 1～100 能被 3 整除的自然数之和的功能。

【**代码解读**】（步骤四）

第 3 行：定义数组 studentArr，包含 3 个元素，每个元素都是 Student 结构体类型。

第 19～30 行：使用 for 循环从键盘录入信息，studentArr.Length 是数组的属性，表示数组长度，该属性的值在数组实例化时被初始化，表示数组包含元素的个数。

第 35～38 行：使用 for 循环输出所有的数组元素。

第 45～55 行：根据输入的姓名进行匹配，若找到相应社员，输出信息并中断循环。其中第 52 行修改标志位 find 变量值为 true。

第 56～57 行：根据标志位 find 变量值判断，若 find 仍为初始值，表示未找到匹配项，因此出现"无此社员"的提示。

 拓展学习

▶1. 多维数组

具有一个下标的数组元素所组成的数组称为一维数组，而具有两个或多个下标的数组元素所组成的数组称为二维数组或多维数组。多维数组元素的下标之间用逗号分隔，如 A[0,1]表示的是一个二维数组中的元素。

（1）声明多维数组。

声明多维数组的格式为：

```
访问修饰符 类型名称 [ , , ...]数组名;
```

例如：

```
int [ ,] Arr;
```

数组在声明后必须实例化才可以使用。实例化数组的格式为：

```
数组名称=new 类型名称[无符号整型表达式];
```

例如：

```
Arr=new int[2,3];        //实例化一个二维数组
```

（2）访问多维数组。

使用数组名与下标可以唯一确定数组中的某个元素，从而实现对该元素的访问。

例如：

```
int x=4,y=5;
int[ ] Arr=new int[3,4]{{1,2,3,4},{5,6,7,8},{9,10,11,12}};
x=Arr[0,3];        //使用数组第 4 个元素的值为其他变量赋值，x 的值为 4
Arr[2,3]=y;        //为数组第 3 行第 4 个元素赋值
```

▶2. 二维数组的应用

本任务通过一重循环实现了对一维数组元素的查找，我们可以通过循环嵌套来实现对二维数组元素的查找及访问，实现思路与前者一致。例如，查找二维数组中的元素 8 的实现过程如下：

```
int[ ] arr = new int[2, 3]{1,2,3,4,5,6,7,8,9,10,11,12};
bool find = false;
for (int i = 0; i < 2; i++){
```

```
        for (int j = 0; j < 3; j++)
        {
            if (arr[i,j]==8)
            {
                Console.WriteLine("元素 8 已找到");
                find=true;    //设置标志位
                break;
            }
        }
    }
    if(!find)
    {
        Console.WriteLine("元素 8 未找到!");
    }
```

如果要找到二维数组中的最大值，可以用下面的方法来实现：

```
int max = arr[0, 0];
for (int i = 0; i < 2; i++)
    for (int j = 0; j < 3; j++)
    {
        if (max<arr[i,j])
            max=arr[i,j];
    }
Console.WriteLine("此二维数组中的最大值是{0}", max);
```

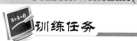 训练任务

在本任务基础上，实现根据菜单选择查询关键字并查询社员的基本信息功能，运行结果如图 2-6-3 所示。

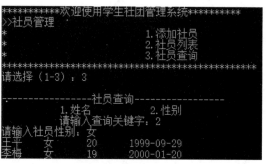

图 2-6-3　运行结果

项目小结

本项目实现了基于 C#控制台应用程序的"学生社团管理系统"的屏幕输出菜单、模拟用户登录、社员信息管理等基本功能，介绍了 C#的基本数据类型、常量与变量、运算符与表达式等基本知识，还介绍了 C#中的流程控制及数组和结构体的使用。读者通过学习，可以了解 C#的基本语法知识，为后面开发基于 Windows 应用程序的"学生社团管理系统"项目打下基础。

系统接口创建

早期的程序开发使用过程化的设计方法，但这种方法已不能满足大型应用程序的开发需求了，后续的维护也比较困难。面向对象编程方式把客观世界中的业务及操作对象转变为计算机中的对象，这使程序更易理解，开发效率大大提高，维护也更容易。

本项目将介绍在 Visual Studio 开发环境中"学生社团管理系统"的类与接口设计。

C#是一门非常优秀的面向对象的编程语言，也是一门全球广泛流行的编程语言。学好编程语言，能够提高计算思维能力，为我国科技发展积蓄力量，推动我国信息化的快速发展，早日实现科技强国的梦想。

C#是一门非常优秀的面向对象的编程语言，使用面向对象语言可以推动程序员以面向对象的思维来思考软件设计结构，从而实现"应对变化，提高复用"的设计思想，但并不是使用了面向对象的语言就实现了面向对象的设计与开发。任何一个严肃的面向对象程序员都需要系统地学习面向对象的知识，单纯从编程语言上获得面向对象知识不能胜任面向对象的设计与开发任务。

学习重点：

☑ 了解面向对象编程的基本思想；
☑ 掌握创建类和实例化类的方法；
☑ 理解类的属性，学会封装属性；
☑ 了解构造方法，学会创建构造方法；
☑ 了解 C#的继承机制，能实现继承；
☑ 了解接口，掌握接口的创建和应用。

本项目任务总览：

任 务 编 号	任 务 名 称
3.1	创建学生类
3.2	创建社员类
3.3	创建社员管理数据访问接口

任务 3.1 创建学生类

 **任务目标**

创建"学生社团管理系统"学生类，编写测试程序，并编译、运行该应用程序。测试程序结果如图 3-1-1 所示。

图 3-1-1 测试程序结果

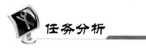

任务分析

类是具有相同属性和方法的一组对象的集合。本任务是创建一个 Student（学生）类，它的结构可以用类图来表示，如图 3-1-2 所示。

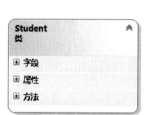

60

图 3-1-2　Student 类的类图

Student 类中包含字段、属性和方法三种成员类型，所有的字段成员、属性成员、构造方法如图 3-1-2 所示。Student 类中字段类型和字段名如表 3-1-1 所示，属性类型与对应字段类型相同，构造方法有无参构造方法和带参构造方法。

表 3-1-1　Student 类字段列表

字 段 类 型	字 段 名	说　　明
string	studentid	学号
string	name	姓名
string	sex	性别
DateTime	birthday	出生日期
string	grade	年级
int	departmentid	系部代码
int	professionid	专业代码

实现过程

步骤一： 创建解决方案和实体类库项目。

启动 Visual Studio 应用程序，执行"文件|新建|项目"命令，选择"类库"模板，类库名称为"Model"，如图 3-1-3 所示，解决方案名称为"StudentClubMis"。

步骤二： 创建 Student 类文件。

查看"解决方案资源管理器"面板中的项目节点，右击项目"Model"名称，在弹出的快捷菜单中，选择"添加|类"命令，如图 3-1-4 所示。在"添加新项"对话框中，将"名称"改为"Student.cs"，创建类文件如图 3-1-5 所示。

图 3-1-3　创建类库 Model

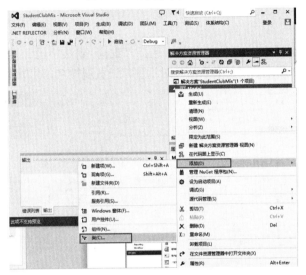

图 3-1-4　添加类

图 3-1-5　创建类文件

步骤三：添加类的字段。

打开 Student.cs 文件，定义类的成员。类的成员包括常量、字段、属性、方法、索引器、运算符、事件等。本步骤定义类字段，所谓"字段"实际就是类中的变量。按照表 3-1-1 所示的字段列表来创建类，代码如下：

```
1.  public class Student
2.  {
3.      string studentid;          //学号
4.      string name;               //姓名
5.      string sex;                //性别
6.      DateTime birthday;         //出生日期
7.      string grade;              //年级
8.      int departmentid;          //系部代码
9.      int professionid;          //专业代码
10. }
```

步骤四：添加类的属性。

右击已声明的字段名称，从快捷菜单中选择"重构|封装字段"菜单命令，如图 3-1-6 所示。弹出如图 3-1-7 所示的"封装字段"对话框，设置属性名，并单击"确定"按钮完成。

图 3-1-6 选择"重构|封装字段"菜单命令

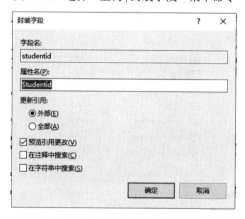

图 3-1-7 "封装字段"对话框

封装后，Student 类中属性代码如下：

```
1.  public class Student
2.  {
3.        ...   //字段部分
4.        public string StudentID              //学号属性
5.        {
6.              get { return studentid; }
7.              set { studentid = value; }
8.        }
9.        public string Name                   //姓名属性
10.       {
11.             get { return name; }
12.             set { name = value; }
13.       }
14.       public string Sex                    //性别属性
15.       {
16.             get { return sex; }
17.             set { sex = value; }
18.       }
19.       public DateTime Birthday             //出生日期属性
20.       {
21.             get { return birthday; }
22.             set { birthday = value; }
23.       }
24.       public string Grade                  //年级属性
25.       {
26.             get { return grade; }
27.             set { grade = value; }
28.       }
29.       public int DepartmentID              //系部代码属性
30.       {
31.             get { return departmentid; }
32.             set { departmentid = value; }
33.       }
34.       public int ProfessionID              //专业代码属性
35.       {
36.             get { return professionid; }
37.             set { professionid = value; }
38.       }
39.  }
```

属性提供对类字段的安全访问。属性可以是一些重要甚至保密的信息，如个人的身份证号码、银行账号等，也可以是一些无关紧要的信息。为了在反映这些信息时有所区分，对象的属性可设置为公有、保护和私有等多种访问级别。

步骤五：添加方法 ShowInfo()。

在 Student 类中添加名为 ShowInfo 的自定义方法，输出学生信息，代码如下：

```
1.  public class Student
2.  {
```

```
3.          ...    //字段部分
4.          ...    //属性部分
5.
6.      public void ShowInfo()
7.      {
8.          Console.WriteLine("学号：" + this.StudentID);
9.          Console.WriteLine("姓名：" + this.Name);
10.         Console.WriteLine("性别：" + this.Sex);
11.         Console.WriteLine("出生日期：" + this.Birthday.ToShortDateString());
12.         Console.WriteLine("年级：" + this.Grade);
13.         Console.WriteLine("系部代码：" + this.DepartmentID);
14.         Console.WriteLine("专业代码：" + this.ProfessionID);
15.     }
16. }
```

步骤六：添加构造方法。

构造方法（函数）是类的一个特殊方法，每当创建一个对象时，都会先调用构造方法。它的作用是确保类的每一个对象在被使用之前都能适当地进行初始化。代码如下：

```
1.  public class Student
2.  {
3.      ...    //字段部分
4.      ...    //属性部分
5.      ...    //自定义方法
6.      public Student()    {}
7.      public Student(string sid, string name, string sex, DateTime birthday, string grade,
        int deptid, int professionid)
8.      {
9.          this.StudentID = sid;    //this 关键字引用类的当前实例
10.         this.Name = name;        //它的值是对该构造对象的引用
11.         this.Sex = sex;
12.         this.Birthday = birthday;
13.         this.Grade = grade;
14.         this.DepartmentID = deptid;
15.         this.ProfessionID = professionid;
16.     }
17. }
```

步骤七：新建测试项目，并添加项目引用。

由于类库项目无法启动，因此将添加一个测试项目。右击"解决方案资源管理器"面板中的解决方案名称，执行"添加 | 新建项目"命令，新建控制台应用程序项目 Test，如图 3-1-8 所示。

Test 项目需要访问 Student 类，所以需要添加对 Model 项目的引用。右击"Test"节点列表的"引用"选项，从快捷菜单中选择"添加引用"命令，如图 3-1-9 所示。在"引用管理器"对话框的"解决方案"列表中选择"项目"选项，勾选"Model"前的复选框，如图 3-1-10 所示。

64

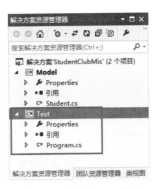

图 3-1-8　新建 Test 项目

图 3-1-9　添加引用

图 3-1-10　"引用管理器"对话框

步骤八：编写测试代码。

在 Test 项目 Program.cs 文件的 Main 方法中编写如下测试代码：

```
1.  using Model;              //引用命名空间
2.  namespace Test
3.  {
4.      class Program
5.      {
6.          static void Main(string[] args)
7.          {
8.              Student stu1 = new Student(); //创建对象
9.              stu1.StudentID="19435432";
10.             stu1.Name="李小天";
11.             stu1.Sex="女";
12.             stu1.Birthday=Convert.ToDateTime("2000-8-1");
13.             stu1.Grade="2019";
14.             stu1.DepartmentID=1;
15.             stu1.ProfessionID=1;
16.             DateTime dt2 = Convert.ToDateTime("2001-4-8");
17.             Student stu2 = new Student("18623405","张小明","男",dt2,"2018",2,3); //创建对象
18.             stu1.ShowInfo();    //调用方法
19.             stu2.ShowInfo();    //调用方法
20.         }
21.     }
22. }
```

步骤九：设置启动项目。

运行测试代码，出现如图 3-1-11 所示的错误对话框。因类库项目不能直接启动，故

将 Test 项目设置为启动项目。右击 Test 项目名称，从快捷菜单中选择"设为启动项目"命令即可。成功后，再次运行程序，结果如图 3-1-12 所示。

图 3-1-11　错误对话框

图 3-1-12　程序运行结果

▶ 1. 类和对象的概念

C#是面向对象的语言，"类"和"对象"是面向对象程序设计中的核心概念。对象是人们要进行研究的任何事物，大到一个星球，小到一个灰尘均可看作对象。当然，对象不仅能表示具体的事物，还能表示抽象的规则、计划或事件等。

在面向对象的编程语言中，类是一个独立的程序单位，所有的内容都被封装在类中，形成一种复杂的数据类型。类的主要作用是定义对象。类与对象的关系如同一个模具和用这个模具铸造出来的铸件之间的关系。类给出了属于该类的全部对象的抽象定义，而对象则是符合这种定义的一个实体，也可以说对象是类的一个实例。

▶ 2. 定义类和实例化类

（1）定义类。

类是一种数据结构，它定义数据和操作这些数据的代码。C#使用 class 关键字来定义类，其基本结构如下：

```
类修饰符　class　类名
{
    主体
}
```

类作为复杂的数据类型，主体内部中可以包含字段、属性、方法、事件等成员。类修饰符如表 3-1-2 所示。

表 3-1-2　类修饰符

修　饰　符	作　用　说　明
public	表示不限制对类的访问
protected	表示该类只能被这个类的成员或派生类成员访问
private	表示该类只能被这个类的成员访问
internal	表示该类能够由程序集中的所有文件使用，不能由程序集之外的对象使用
new	只允许用在嵌套类中，它表示所修饰的类会隐藏继承下来的同名成员
abstract	表示一个抽象类，该类含有抽象成员，不能被实例化，只能用作基类
sealed	表示一个密封类，不能从这个类再派生出其他类，密封类不能同时为抽象类

根据代码规范化的要求及其行业规范，类名一般由具有实际意义的英文单词组成，采用 Pascal 命名法，即每个英文单词的首字母大写。同时，类名还必须符合标识符的命名规则。

例如，创建一个表示党员信息的类，类名为 CPC（the Communist Party of China 缩写）。

```
public class CPC
{
    string      Name;            //党员姓名
    DateTime    PartyTime;       //入党时间
    string      Recommender;     //入党介绍人
    string      PartyPosts;      //党内职务
}
```

这样，CPC 就成了一种新的数据类型，可以和整型等基本数据类型一样用于声明变量。

创建类时，应该把一个类的声明放在一个独立的源文件中，只有在少数情况下，如两个类有非常密切的关系时才考虑把它们放在同一个源文件中。

（2）创建类的对象。

与创建简单数据类型的变量一样，复杂数据类型的变量在使用前也需要事先声明，但与普通变量不一样的是，类声明变量称为对象，还必须先通过 new 关键字创建后才能使用，其语法格式为：

```
类名 对象名;          //声明类的对象
对象名=new 类名();     //创建对象
```

例如，创建 CPC 党员类的对象 infoCPC 的示例代码如下：

```
CPC  infoCPC;
infoCPC =new CPC();
```

上述语句也可以写成下面的格式：

```
类名 对象名=new 类名();
CPC  infoCPC = new CPC();
```

用类比方式进一步解释类和对象之间的关系，"类"好比建造房子前设计的蓝图，它只是一张设计图纸，并没有真的房子，而使用 new 关键字后就有真的房子了，这个"房子"叫作"对象"或"实例"。

3. 类的成员及其声明方法

在面向对象程序设计中，对象是具有属性和操作（方法）的实体。对象的属性表示了它所处的状态，对象的操作则用来改变对象的状态以实现特定的功能。

类的定义包括类头和类体两部分，其中类体用一对花括号{}括起来，类体用于定义该类的成员。

类成员声明主要包括：常量声明、字段声明、方法声明、属性声明、事件声明、索引器声明、运算符声明、构造方法声明、析构函数声明等。下面介绍常用的几种类成员。

（1）字段。

字段是类中的数据，也称为类中的变量。它的声明与普通变量的声明格式没有区别，既可以是基本数据类型，也可以是其他类声明的对象。字段声明语法格式为：

```
访问修饰符 类型 变量声明列表;
```

① 变量声明列表。变量声明列表——用逗号"，"分隔多个标识符，变量标识符还可用赋值号"＝"设定初始值。

例如，下面的类 Test 中声明了 x、y、sum 这 3 个字段。

```
class Test
{
    int x=100, y =200;
    float sum=1.0f;
}
```

创建对象后，通过成员访问符"．"实现对类中字段的访问，例如：

```
Test obj=new Test();
Console.WriteLine(obj.x);
```

② 访问修饰符。在编写程序时，可以对类的成员（不仅仅是字段）使用不同的访问修饰符从而定义它们的访问级别。C#中的成员访问修饰符共有 5 种，表 3-1-3 中罗列了这 5 种访问修饰符。

表 3-1-3　成员访问修饰符

修　饰　符	可访问性	作　用　说　明
public	公共	不限制访问
private	私有	只能被本类访问
protected	保护	只能被本类及其子类访问
internal	内部	只能被本程序集内所有的类访问
protected internal	内部保护	能被本程序集内所有的类和这些类的子类访问

下面对 C#的两种特殊字段进行特别介绍：只读字段和静态字段。

使用 readonly 关键字修饰的字段表示只读字段，只读字段不能进行写操作。它和常量的区别在于，常量只能在声明时初始化，只读字段可以在声明时初始化，也可以在构造方法中初始化。

使用 static 关键字修饰的字段称为静态字段。静态字段属于类，为类的全部成员所共用。非静态字段属于某个具体的对象，为特定的对象专有。

阅读下面的代码，了解静态变量的使用。

```
class Test
{
    static int i=2;                      //声名一个静态字段
    int j = 3;                           //声名一个实例字段
    static void Main(string[] args)
    {
        Test a =new Test ();             //建立对象引用，并实例化。
        Console.WriteLine(a.j);          //用对象来访问字段 j
        Console.WriteLine(Test.i);       //静态字段用类名来访问
    }
}
```

运行程序，输出结果如下：

```
3
2
```

从这个例子可以看出，静态字段是属于类的，实例字段是属于对象的。

（2）属性。

为了实现良好的数据封装和数据隐藏，C#不提倡将字段的访问修饰符设置为 public。因为这样会使用户直接读写字段的值，存在不安全因素。一般将类的字段成员的访问修饰符设置成 private。同时，C#提供了属性（property）这个更好的方法，即把字段和访问它们的方法相结合。对类的用户而言，属性值的读/写与字段读/写的语法相同；对编译器来说，属性值的读/写是通过类中封装的特别方法 get 访问器和 set 访问器实现的。

属性的声明语法格式如下：

```
属性修饰符 类型 成员名
{
    访问器声明
}
```

其中，访问器声明语法格式如下：

```
get                    //读访问器
{
    访问器语句块
}
set                    //写访问器
{
    访问器语句块
}
```

get 访问器的返回值类型与属性的类型相同，所以语句块中的 return 语句必须有一个可隐式转换为属性类型的表达式。set 访问器没有返回值，但它有一个隐式的值参数，其名称为 value，它的类型与属性的类型相同。同时包含 get 和 set 访问器的属性是读/写属性，只包含 get 访问器的属性是只读属性，只包含 set 访问器的属性是只写属性。

在本任务中，我们为 Student 类创建了多个属性，如 Name 属性：

```
class Student
{
    private string name;
    public string Name          //姓名属性
    {
        get { return name; }
        set { name = value; }
    }
    ...
}
```

和字段一样，属性也有 5 种访问修饰符。往往将属性声明为 public，否则属性就失去了作为类的公共接口的意义。对属性的访问方法与对字段的访问方法是一样的，访问 Student 类中的 Name 属性的代码如下：

```
Student s=new Student();
s.Name="李明";
```

（3）方法。

除字段、属性外，类还包含其他的成员，其中一个重要的成员就是类的方法。

C#没有全局常量、全局变量和全局方法，任何事物都必须封装在类中。通常，程序的其他部分通过类所提供的方法与它们进行交互操作。

对方法的理解可以从方法的声明、方法的参数、静态方法与实例方法、方法的重载与覆盖等方面着手。

方法的声明。方法是按照一定格式组织的一段程序代码，在类中用方法声明的方式来定义方法。语法格式如下：

```
方法修饰符 返回类型 方法名(形参列表)
{
    方法体
}
```

方法修饰符如表 3-1-4 所示。

表 3-1-4　方法修饰符

修　饰　符	作　用　说　明
new	在一个继承结构中，用于隐藏与基类同名的方法
public	表示该方法可以在任何地方被访问
protected	表示该方法可以在它的类体或派生类的类体中被访问，但不能在类体外被访问
private	表示该方法只能在这个类体内被访问
internal	表示该方法可以被同处于一个工程的文件访问
static	表示该方法属于类型本身，而不属于某特定对象
virtual	表示该方法可在派生类中重写，以更改该方法的实现
abstract	表示该方法仅仅定义了方法名及执行方式，但没有给出具体实现，所以包含这种方法的类是抽象类，有待于派生类的实现
override	表示该方法是将从基类继承的 virtual 方法的重新实现
sealed	表示这是一个密封方法，它必须同时包含 override 修饰符，以防止它的派生类进一步重写该方法
extern	表示该方法从外部实现

以下代码是商品类 Goods 中 ShowMessage 方法的声明。

```
class Goods
{
    ...
    public void ShowMessage()
    {
        Console.Write("商品名称：{0}，商品价格：{1}", name, price);
    }
}
```

以下示例中 GetMax 方法的功能是求三个整数中的最大值。

```
public int   GetMax (int a,int b,int c)
{
    int max;
    if(a>b) {   max=a;   } else {   max=b;   }
    if(c>max) {   max=c;   }
    return max;
}
```

关于方法的几点说明。

方法名：每个方法都必须有一个方法名，方法名的命名也要遵照 C#标识符的命名规则。例如，Main 是为开始执行程序的方法预留的，不要使用 C#的关键字作为方法名。

形参列表：由零个或多个用逗号分隔的形式参数（形参）组成，形参可用属性、参数修饰符、类型等描述。当形参列表为空时，外面的圆括号也不能省略。

方法体：用花括号括起的一个语句块，用于实现方法的功能。

返回类型：方法可以返回值也可以不返回值。如果返回值，则需要说明返回值的类型，默认情况下为 void。

方法的参数。参数的传入或传出是在实际参数（实参）与形参之间发生的。在 C#中，实参与形参之间有 4 种传递方式。

① 值参数。方法声明时不加修饰的形参就是值参数，它表明实参与形参之间按值传递。这种传递方式的好处是，在方法中对形参的修改不影响外部的实参，也就是说，数据只能传入方法而不能从方法传出，所以值参数也被称为入参数。

看下面的例子。

```
1.  public class MyClass
2.  {
3.      public MyClass()
4.      {
5.          ...
6.      }
7.      public void ChangeValue(string value)
8.      {
9.          value="Value is Changed!";
10.     }
11. }
12. //测试类
13. class Test
14. {
15.     static void Main(string[] args)
16.     {
17.         string value="Value";
18.         Console.WriteLine(value);
19.         MyClass mc=new MyClass();
20.         mc.ChangeValue(value);
21.         Console. WriteLine (value);
22.     }
23. }
```

输出结果：

```
Value
Value
```

② 引用参数。使用 ref 关键字可以使参数按照引用传递。当需要将引用参数传递回调用方法时，在方法中对参数所做的任何更改都将反映在该变量中，若使用 ref 关键字，则在定义方法和调用方法时都必须显式使用 ref 关键字。

引用参数与值参数不同，引用参数并不创建新的存储单元，它与方法调用中的实参变量同处一个存储单元。因此，在方法内对形参的修改就是对外部实参变量的修改。

使用 ref 关键字时请注意：

ref 关键字仅对跟在它后面的参数有效，而不能应用于整个参数表；

在调用方法时，也用 ref 修饰实参变量，因为是引用参数，所以要求实参与形参的数据类型必须完全匹配，而且实参必须是变量，不能是常量或表达式；

在方法外，ref 参数必须在调用之前明确赋值，在方法内，ref 参数被视为已赋过初始值。

请看下面的例子。

```
1.  public class MyClass
2.  {
3.      public MyClass()
4.      {
5.      }
6.
7.      public void ChangeValue(ref string value)
8.      {
9.          value="Value is Changed!";
10.     }
11. }
12. //测试类
13. class Test
14. {
15.     static void Main()
16.     {
17.         string value="Value";
18.         Console.WriteLine(value);
19.         MyClass mc=new MyClass();
20.         mc.ChangeValue(ref value);
21.         Console.WriteLine(value);
22.     }
23. }
```

输出结果：

```
Value
Value is Changed!
```

③ 输出参数。使用 out 关键字来进行引用传递，这和 ref 关键字很类似，不同之处在于 ref 要求变量必须在传递之前就进行初始化。若使用 out 关键字，则定义和调用方法时都必须显式地使用 out 关键字。

下面的例子展示了输出参数的使用方法。

```
1.  public class MyClass
2.  {
3.      public MyClass()
4.      {
5.      }
6.
7.      public void ChangeValue(out string value)
8.      {
```

```
9.              value="Value is Changed!";
10.         }
11.   }
12.   //测试类
13.   class Test
14.   {
15.         static void Main(string[] args)
16.         {
17.               string value;
18.               MyClass mc=new MyClass();
19.               mc.ChangeValue(out value);
20.               Console.WriteLine(value);
21.         }
22.   }
```

输出结果：

Value is Changed!

④ 数组型参数。数组型参数就是声明 params 关键字，用于指定在参数个数可变处采用参数的方法参数。在方法声明中的 params 关键字之后不允许有任何其他参数，并且在方法声明中只允许一个 params 关键字。

数组型参数的使用示例如下：

```
1.  public class MyClass
2.  {
3.        public MyClass()
4.        {
5.        }
6.
7.        public void ChangeValue(params string[] value)
8.        {
9.              foreach(string s in value)
10.             {
11.                   Console.WriteLine(s+" ");
12.             }
13.       }
14. }
15. //测试类
16. class Test
17. {
18.       static void Main(string[] args)
19.       {
20.             string value1="Value1";
21.             string value2="Value2";
22.             MyClass mc=new MyClass();
23.             mc.ChangeValue(value1,value2);
24.       }
25. }
```

输出结果：

Value1

　　　　Value2

　　（4）方法的重载。

　　一个方法的名字和形参的个数、修饰符及类型共同构成了这个方法的签名，同一个类中不能有具有相同签名的方法。如果一个类中有两个或两个以上的方法同名，而它们的形参个数或形参类型有所不同，这种现象称为方法的重载。但是仅仅是返回类型不同的同名方法，编译器是不能识别的。

　　例如，下面程序定义的 Myclass 类中含有 4 个名为 GetMax 的方法，但它们或者形参个数不同，或者形参类型不同。当 Main 方法调用 GetMax 方法时，编译器会根据形参的个数和类型确定调用哪个 GetMax 方法。

```
1.  using System;
2.  class Myclass              //该类中有 GetMax 方法的 4 个不同版本
3.  {                          //它们或者形参类型不同，或者形参个数不同
4.      public int GetMax (int x, int y)
5.      {
6.          return x>=y ? x : y ;
7.      }
8.      public double GetMax (double x, double y)
9.      {
10.         return x>=y ? x : y ;
11.     }
12.     public int GetMax (int x, int y, int z)
13.     {
14.         return GetMax (GetMax (x, y), z) ;
15.     }
16.     public double GetMax ( double x, double y, double z)
17.     {
18.         return GetMax (GetMax (x, y), z) ;
19.     }
20. }
21. //测试类
22. class Test
23. {
24.     static void Main(string[] args)
25.     {
26.         Myclass m = new Myclass ( );
27.         int a, b, c;
28.         double e, f, g ;
29.         a=10; b=20; c=30;
30.         e = 1.5; f = 3.5 ; g = 5.5;
31.         //调用方法时，编译器会根据实参的类型和个数调用不同的方法
32.         Console.WriteLine ("max ({0},{1})= {2} " ,a,b, m. GetMax (a,b));
33.         Console.WriteLine ("max ({0},{1},{2})= {3} " ,a,b,c, m. GetMax (a,b,c));
34.         Console.WriteLine ("max ({0},{1})= {2} " , e,f,m. GetMax (e,f));
35.         Console.WriteLine ("max ({0},{1},{2})= {3} " ,e,f,g, m. GetMax (e,f,g));
36.         Console.ReadLine();
37.     }
38. }
```

　　程序运行结果如下：

　　max(10,20)=20
　　max(10,20,30)=30

max(1.5,3.5)=3.5
max(1.5,3.5,5.5)=5.5

（5）构造方法。

构造方法（也称为构造函数）是在创建类的对象时执行的方法。构造方法具有与类相同的名称，它通常用于初始化新对象的数据成员。用 new 关键字实例化类，在为新对象分配内存之后，new 关键字立即调用类的构造方法。

类在实例化时会自动调用构造方法，这个构造方法可以是默认的构造方法，也可以是自定义的构造方法。所谓默认的构造方法指的是无参构造方法，即在没有自定义构造方法的情况下，该构造方法可以不显式定义。该构造方法将类的所有成员都初始化为默认值。在类中也可以自定义构造方法，只要类中有自定义的构造方法，则系统的默认构造方法就不起作用。

构造方法声明的语法格式如下：

```
构造方法修饰符 标识符(参数列表)
{
    语句块
}
```

其中：

① 构造方法修饰符——public、protected、internal、private、extern。一般地，构造方法总是 public 类型的。

② 标识符——构造方法名，必须与所在类同名，不声明返回类型，并且没有任何返回值。它与返回值类型为 void 的函数不同。

③ 语句块——这部分语句常常用来对类的对象进行初始化。

在一个类中可以同时定义多个不同签名的构造方法，这种现象称为构造方法的重载。本任务中声明了两个构造方法（无参和带参），实现了重载。用 new 关键字创建一个类的对象时，类名后的一对圆括号提供初始化列表，这实际上就是提供给构造方法的参数。系统根据这个初始化列表的参数个数、参数类型和参数顺序调用不同的构造方法。

来看下面的例子。

```
1.  using System;
2.  class Point
3.  {
4.      public double x, y;
5.      public Point( )                    //无参构造方法
6.      {
7.          x = 0;
8.          y = 0;
9.      }
10.     public Point(double x, double y)   //带参构造方法
11.     {
12.         this.x = x;                    //当 this 在实例构造方法中使用时，
13.         this.y = y;                    //它的值就是对该构造对象的引用
14.     }
15. }
16. class Test
17. {
18.     public static void Main()
```

```
19.     {
20.         Point a = new Point( );          //创建对象a，调用无参构造方法初始化对象
21.         Point b = new Point(3, 4);       //创建对象b，调用带参构造方法初始化对象
22.         Console.WriteLine ("a.x={0}, a.y={1}", a.x, a.y );    //a.x=0, a.y=0
23.         Console.WriteLine ("b.x={0}, b.y={1}", b.x, b.y );    //b.x=3, b.y=4
24.         Console.Read ();
25.     }
26. }
```

【代码解读】（步骤八）

第8行：创建 Student 类对象 stu1，创建对象时会自动调用无参构造方法。

第9～15行：使用成员访问符访问类的成员，为 stu1 对象各属性赋值。

第17行：创建 Student 类对象 stu2，Student 类有两个构造方法，一个无参一个带参。由于通过 new 关键字创建对象时，传递了7个实际参数，系统会调用带有7个参数的构造方法。执行成功后，stu2 对象的 StudentID、Name、Sex 等属性都将具有相应的值。

第18～19行：调用 Student 类的自定义方法 ShowInfo()输出对象各属性值。

 拓展学习

▶1. 面向对象编程思想

面向对象编程思想是图灵奖获得者艾伦.凯受生物细胞的启发而首次提出的。艾伦假定理想的计算机将象生物体一样工作，为完成某个任务，每个"细胞"都要与其它"细胞"协同完成，而每个"细胞"又有自己的功能。为了解决另外的难题或试验另外的功能，"细胞"们可以实现重组，这一理论成为面向对象程序设计的萌芽。他善于融合思考的科学创新精神非常值得我们当代大学生学习。党的二十大报告指出，"创新是第一动力"，在全面建设社会主义现代化国家、向实现第二个百年奋斗目标进军的新征程上，我们比任何时候都更加需要科技创新，都更加需要科技自立自强。

面向对象编程是一种新的程序设计范型，其基本思想是使用对象、类、继承、封装、消息等基本概念来进行程序设计。它从现实世界中客观存在的事物（即对象）出发来构造软件系统，并在系统构造中尽可能运用人类的自然思维方式，强调直接以现实世界中的事物为中心来思考问题、认识问题，并根据这些事物的本质特点，把它们抽象地表示为系统中的对象，作为系统的基本构成单位。面向对象编程是当前软件开发技术的主流。

面向对象编程技术有三大特点：封装、继承和多态。所谓"封装"，就是用一个框架把数据和代码组合在一起，形成一个对象。在 C#中，类是支持对象封装的工具，对象则是封装的基本单元。"继承"是父类和子类之间共享数据和方法的机制，通常把父类称为基类，子类称为派生类。如果一个类有两个或两个以上的直接基类，这样的继承结构被称为多重继承或多继承。C#通过接口来实现多重继承。接口可以从多个基接口继承。在面向对象编程中，"多态"是指同一个操作作用于不同的对象，可以有不同的解释，产生不同的执行结果。

▶2. 静态方法

如果方法声明中含有 static 关键字，则该方法被称为静态方法。静态方法是一种特殊的成员方法，它不属于类的某一个具体的实例，而是属于类本身。所以调用静态方法时

不需要先创建一个类的实例，而是采用"类名.静态方法"的格式调用。

例如，定义一个静态方法 Method()。

```
class MyClass
{
    public static void Method()
    {
        ...
    }
}
```

调用 Method 方法的语句为：

```
MyClass. Method();
```

关于静态方法的几点说明。

（1）static 方法是类中的一个成员方法，属于整个类，即不用创建任何对象就可以直接调用。

（2）静态方法内部只能出现静态变量和其他静态方法，而且静态方法中不能使用 this 等关键字，因为它属于整个类。

（3）静态方法在执行效率上要比实例方法高，静态方法的缺点是不能自动销毁，而非静态的方法则可以销毁。

（4）静态方法和静态变量创建后始终使用同一块内存空间。

3. 析构函数

在类的成员中还有一种特殊的函数，称为析构函数。它和构造方法一样，与类同名，在类名前加"~"符号，没有返回值。它的声明形式为：

```
~函数名()
{
}
```

析构函数用于处理一些对象释放工作，释放资源是其中一种。程序员无法控制何时调用析构函数，因为这是由垃圾回收器决定的。垃圾回收器检查是否存在应用程序不再使用的对象，如果垃圾回收器认为某个对象符合析构，则调用析构函数（如果有）并回收用来存储此对象的内存。程序退出时也会调用析构函数。

训练任务

按照要求在 Model 项目中创建以下类，类的结构如图 3-1-13 至图 3-1-17 所示，每个类有两个构造方法，分别为无参和带参构造方法。

（1）创建 User（用户）类，类图如图 3-1-13 所示，字段描述如表 3-1-5 所示。

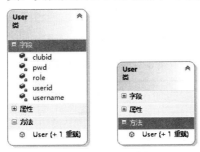

图 3-1-13　User 类图

表 3-1-5　User 类字段描述

字　段　类　型	字　段　名	说　　明
int	clubid	社团编号
string	pwd	密码
string	role	用户类型
int	userid	用户编号
string	username	用户名

（2）创建 Club（社团）类，类图如图 3-1-14 所示，字段描述如表 3-1-6 所示。

图 3-1-14　Club 类图

表 3-1-6　Club 类字段描述

字　段　类　型	字　段　名	说　　明
int	clubid	社团编号
string	clubname	社团名称
DateTime	founddate	成立日期
string	introduction	社团介绍
string	teachername	指导老师姓名

（3）创建 Activity（社团活动）类，类图如图 3-1-15 所示，字段描述如表 3-1-7 所示。

图 3-1-15　Activity 类图

表 3-1-7　Activity 类字段描述

字　段　类　型	字　段　名	说　　明
DateTime	activitydate	活动日期
int	activityid	活动编号
string	activityname	活动名称

续表

字 段 类 型	字 段 名	说　明
int	clubid	社团编号
float	expenditure	经费支出
string	place	活动地点

（4）创建 Department（系部）类，类图如图 3-1-16 所示，字段描述如表 3-1-8 所示。

图 3-1-16　Department 类图

表 3-1-8　Department 类字段描述

字 段 类 型	字 段 名	说　明
int	departmentid	系部代码
string	departmentname	系部名称

（5）创建 Profession（专业）类，类图如图 3-1-17 所示，字段描述如表 3-1-9 所示。

图 3-1-17　Profession 类图

表 3-1-9　Profession 类字段描述

字 段 类 型	字 段 名	说　明
int	departmentid	系部代码
string	professionname	专业名称
int	professionid	专业代码

任务 3.2　创建社员类

任务目标

本任务将创建"学生社团管理系统"社员类，编写测试程序，并编译、运行该应用程序，运行结果如图 3-2-1 所示。

图 3-2-1　社员类测试程序运行结果

 **任务分析**

　　客观世界中许多事物之间往往都具有相同的特征和可继承的特点。本项目是学生社团管理系统，社团中的成员也必然是学生，具有学生所有的属性和行为。因此我们在创建社团成员类时，可以基于学生类来创建，避免重复开发，用面向对象的观点来表达，就是"继承"。本任务要创建一个社员 ClubMember 类，类图如图 3-2-2 所示。

图 3-2-2　ClubMember 类图

　　ClubMember 类继承自 Student 类，其中包含的成员有：字段、属性和方法。ClubMember 类字段的描述如表 3-2-1 所示，具有无参和带参构造方法。

表 3-2-1　ClubMember 类字段描述

字 段 类 型	字 段 名	说　　明
string	studentid	学号
string	name	姓名
string	sex	性别
DateTime	birthday	出生日期
string	grade	年级
int	departmentid	系部代码
int	professionid	专业代码
int	clubid	社团编号
string	qq	QQ 号码
string	phone	联系电话
string	pic	图片路径
string	hobby	兴趣爱好
string	memo	备注

实现过程

步骤一： 新建 ClubMember 类文件。

在任务 3.1 创建的类库项目 Model 中，新建一个 ClubMember 类。

步骤二： 实现类的继承。

由于 ClubMember 类有一半以上的字段与 Student 类的相同，可采用继承的方法，用"："来实现继承，如图 3-2-3 所示。被继承的 Student 类称作父类或基类，ClubMember 类称作子类或派生类。关于继承的详细内容参见"技术要点"。

```
1  using System;
2  using System.Collections.Generic;
3  using System.Linq;
4  using System.Text;
5
6  namespace Model
7  {
       0 个引用
8      public class ClubMember :Student
9      {
10
11     }
12  }
13
```

图 3-2-3　继承 Student 类

由于 ClubMember 类和 Student 类同在 Model 命名空间中，并不需要引用 Student 类所在的命名空间。

步骤三： 为 ClubMember 类添加新字段。

ClubMember 类除了可以继承 Student 类中访问修饰符为 public 和 protected 类型的成员，还可以定义自己的成员。ClubMember 类中的新字段如下：

```
1.  public class ClubMember:Student
2.  {
3.        int clubid;           //社团编号
4.        string qq;            //QQ 号码
5.        string phone;         //联系电话
6.        string pic;           //照片路径
7.        string hobby;         //兴趣爱好
8.        string memo;          //备注
9.  }
```

步骤四： 封装字段。

```
1.  public class ClubMember:Student
2.  {
3.        //字段部分
4.
5.        public int ClubID
6.        {
7.            get { return clubid; }
8.            set { clubid = value; }
9.        }
10.       public string QQ
```

```
11.        {
12.            get { return qq; }
13.            set { qq = value; }
14.        }
15.        public string Phone
16.        {
17.            get { return phone; }
18.            set { phone = value; }
19.        }
20.        public string Pic
21.        {
22.            get { return pic; }
23.            set { pic = value; }
24.        }
25.        public string Hobby
26.        {
27.            get { return hobby; }
28.            set { hobby= value; }
29.        }
30.        public string Memo
31.        {
32.            get { return memo; }
33.            set { memo = value; }
34.        }
35.  }
```

步骤五：声明构造方法。

```
1.        ...
2.        public ClubMember() {    }    //定义无参构造方法
3.
4.        //定义带参构造方法
5.        public ClubMember(string sid,string name,DateTime birthday,string sex,string grade,int
          deptid,int professionid,int clubid,string qq,string phone,string pic,string hobby,string memo)
6.        :base(sid, name, sex, birthday, grade,deptid, professionid)
7.        {
8.            this.ClubID = clubid;
9.            this.QQ = qq;
10.           this.Phone = phone;
11.           this.Pic = pic;
12.           this.Hobby = hobby;
13.           this.Memo = memo;
14.       }
```

由于 ClubMember 类继承自 Student 类，第 6 行代码通过 base 关键字调用基类 Student 的构造方法，传递 sid 等实参。关于基类、子类构造方法之间的关系，在"技术要点"中有详细讲解。

步骤六：编写测试代码。

打开 Test 项目中的 Program.cs 文件，注释任务 3.1 中编写的测试代码，编写如下代码：

```
1.  namespace Test
2.  {
3.      class Program
4.      {
5.          static void Main(string[] args)
6.          {
7.              DateTime dt = Convert.ToDateTime("2001-4-8");
8.              ClubMember cm = new ClubMember("18623405", "张小明", "男", dt,
                "2018", 2, 3,1,"3456543000","13876765456","zxm.jpg","打球","一级运动员");
9.              cm.ShowInfo();
10.             Console.ReadLine();
11.         }
12.     }
13. }
```

上述代码的作用是创建一个 ClubMember 类的对象。创建子类对象时，将先执行基类 Student 的构造方法，对基类进行初始化，再执行派生类的构造方法，对子类 ClubMember 类进行初始化。

在创建对象时系统会自动调用构造方法，关于创建对象时基类、子类构造方法的调用在"技术要点"中有详细讲解。上述代码第 9 行调用了 cm 对象的 ShowInfo 方法输出对象的部分信息，该方法是从父类 Student 中继承而来的。

注意：在创建对象时，实参的个数、顺序和类型必须与构造方法中的声明完全一致，否则要报错。在开发时，系统会给出如图 3-2-4 所示的构造方法中参数提示，帮助程序员使用正确的参数。

图 3-2-4　构造方法中的参数提示

步骤七：保存并运行程序，运行结果如图 3-2-1 所示。

技术要点

▶ 1. 继承的概念

当一个类 B 能够获取另一个类 A 中所有非私有的数据和方法的定义作为自己的部分或全部成员时，就称这两个类之间具有继承关系。被继承的类 A 称为父类或基类，继承了父类或基类的数据和方法的类称为子类或派生类。如图 3-2-5 所示的就是一个典型的继承关系图。

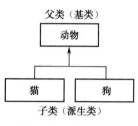

图 3-2-5　继承关系图

通过继承机制，子类可以从其基类中继承属性和方法，通过这种关系模型可以简化类的操作。假如已经定义了类 A，接下来准备定义类 B，而类 B 中有很多属性和方法与类 A 的相同，那么就可以通过 ":" 实现类 B 继承类 A，这样就无须再在类 B 中定义类 A 已具有的属性和方法，这在很大程度上提高了程序的开发效率。子类从基类继承属性和方法，实现了代码重用，派生类变得更专门化。

84

▶ 2. 继承的实现和特点

（1）继承的实现。

一般基类都可以通过继承关系来产生子类。在声明子类时，子类名称后紧跟一个冒号，冒号后指定基类的名称。语法格式如下：

```
访问修饰符 class 派生类名:基类名
{
    //类体
}
```

（2）继承的规则和特点。

C#中的继承具备以下特点：

① 继承是可传递的。如果 C 从 B 中派生，B 又从 A 中派生，那么 C 不仅继承了 B 中声明的成员，同样也继承了 A 中声明的成员。

② 派生类应当是对基类的扩展。派生类可以添加新的成员，但不能除去已经继承的成员的定义。

③ 构造方法和析构函数不能被继承。除此以外的其他成员，不论对它们定义了怎样的访问方式，都能被继承。基类中成员的访问方式只能决定派生类能否访问它们。

④ 派生类如果定义了与继承而来的成员同名的新成员，就可以覆盖已继承的成员。但这并不是因为派生类删除了这些成员，而是不能再访问这些成员。

这里需要注意以下几点：

① C#只支持单继承，但可以实现多个接口。

② 如果要防止被继承，可以使用 sealed 关键字（密封类）。

③ 静态类是仅包含静态方法的密封类，也不能被继承。

④ Object 类是所有类的基类。

（3）基类成员修饰符。

如果基类中的成员均为私有的，则派生类无法从基类中继承，这样就失去了继承的意义；

然而如果将基类的成员全部定义为公有的，虽然派生类可以直接访问基类成员，但这又不符合面向对象的封装特点。为了解决这个问题，在 C#中增加了一个访问修饰符 protected。

基类成员访问修饰符在子类和其他类中的访问权限如表 3-2-2 所示。

表 3-2-2　基类成员访问修饰符访问权限

修　饰　符	类　内　部	子　　类	其　他　类
public	可以	可以	可以
private	可以	不可以	不可以
protected	可以	可以	不可以

3. 继承中的构造方法

派生类不能继承基类的构造方法和私有成员。派生类可以有自己的构造方法、数据成员和方法成员，派生类不能直接访问基类的构造方法和私有成员，只能通过继承的基类方法间接地访问基类的私有成员。

（1）使用 base 关键字调用基类的构造方法。基类的构造方法无法被继承，所以派生类不能直接调用基类的构造方法，而派生类还必须有一种方式调用基类的构造方法，这是因为基类的数据必须被基类的构造方法初始化。

以如下程序为例：

```
1.  class Circle
2.  {
3.      int raduis;
4.      public Circle(int raduis)
5.      {
6.          this. raduis= raduis;
7.      }
8.  }
9.  class Cylinder : Circle
10. {
11.     int height;
12.     //使用 base 关键字调用基类构造方法
13.     public Cylinder (int raduis, int height): base(raduis)
14.     {
15.         this. height = height;
16.     }
17. }
```

（2）多个基类构造方法的调用。

当基类的构造方法不止一个时，根据 base 关键字后的参数个数、顺序、类型来确定调用基类的哪个构造方法，如：

```
1.  class Circle
2.  {
3.      public int raduis;
4.      public Circle()              //无参构造方法
5.      {
6.          this. raduis=5;
7.      }
```

```
8.        public Circle(int raduis)          //定义构造方法, 含有一个参数
9.        {
10.            this. raduis= raduis;
11.        }
12. }
```

在如下示例代码中, 类 Cylinder 使用 base 关键字调用基类 Circle 的构造方法 Circle(int raduis), 这是因为 base 后有一个参数 raduis。

```
1.  class Cylinder: Circle
2.  {
3.       int height;
4.       //该构造方法首先调用基类 Circle 的构造方法 Circle (int raduis)
5.       public Cylinder(int raduis, int height) : base(raduis)
6.       {
7.            this. height = height;
8.       }
9.  }
```

（3）隐式调用基类的构造方法。

如果基类没有定义构造方法, 则在实例化派生类对象时将会隐式调用基类的无参构造方法。如果基类定义了构造方法, 但不含无参构造方法, 则在派生类中定义带参构造方法时就会出现编译错误。

```
1.  public class Shape          //基类 Shape, 未显示声明构造方法
2.  {
3.       int linewidth;
4.       public void DisplayWidth()
5.       {
6.            Console.WriteLine(linewidth);
7.       }
8.  }
9.  public class Circle : Shape      //基类派生类 Circle
10. {
11.      float radius;
12.      public Circle(float r)
13.      {
14.           radius = r;
15.      }
16. }
17.  class Program
18. {
19.      static void Main(string[] args)
20.      {
21.           Circle c = new Circle(6);   //将调用基类的无参构造方法
22.           c.DisplayWidth();
23.      }
24. }
```

定义类 Circle 的构造方法时, 并没有使用 base 关键字。如果创建 Circle 类的一个实例, 就会首先调用基类的默认构造方法, 该基类的默认构造方法就将基类的成员变量 linewidth 初始化为 0。

拓展学习

1. 隐藏基类的成员

new 关键字除创建对象和调用构造函数外，它还能在类的继承中使用。它表示在派生类中定义一个新的同名成员，将隐藏基类中的成员。当在派生类中创建与基类中的成员同名的成员时，基类中的原有成员将被隐藏。下面的例子中说明了关键字 new 的使用方法。

```
1.  class Animal
2.  {
3.      public void Eat()
4.      {
5.          Console.WriteLine("Eat something");
6.      }
7.  }
8.  class Cat : Animal
9.  {
10.     public new void Eat()
11.     {
12.         //暂时隐藏基类中的成员
13.         Console.WriteLine("Eat small fishes");
14.     }
15. }
16. class Test
17. {
18.     public static void Main(string[] args)
19.     {
20.         Cat mycat = new Cat();
21.         mycat.Eat();   //调用子类方法
22.     }
23. }
```

输出结果：
Eat small fishes

2. 虚方法

要实现面向对象的多态，通常在基类与派生类定义之外再定义一个含基类对象形参的方法。多态的关键在于方法中的形参对象在程序运行前不知道其是什么类型的对象，直到程序运行该方法被调用并接收了对象参数后才知道对象类型。因为基类对象不仅可以接收本类型的对象实参，也可以接收其派生类类型或派生类的派生类类型的实参，并且可以根据接收对象类型的不同来调用相应类中定义中的方法，从而实现多态。为了实现多态，可以在基类中声明虚方法。

（1）虚方法的概念。

若一个实例方法的声明中含有 virtual 关键字，则称该方法为虚方法。若声明中没有 virtual 关键字，则称该方法为非虚方法。

如果在类中声明一个方法的时候用了 virtual 关键字，那么在它的派生类中，就可以使用 override 或者 new 关键字来重写这个方法。

（2）虚方法的声明。

基类中的声明格式：

```
public virtual  方法名称(参数列表)
{ … }
```

派生类中的方法重写声明格式：

```
public override  方法名称(参数列表)
{ … }
```

在派生类中声明与基类同名的方法，也叫方法重写。在派生类重写基类方法后，如果想调用基类的同名方法，也可以使用 base 关键字。例如，在本任务中，也可以在父类 Student 中将 ShowInfo 方法声明为虚方法，并在子类 ClubMember 中重写该方法，在子类 ShowInfo 方法中使用 base 关键字调用父类同名方法。代码如下：

```
1.  public class Student
2.  {
3.      …
4.      public virtual void ShowInfo()
5.      {
6.          Console.WriteLine("学号："+this.StudentID);
7.          …
8.          Console.WriteLine("专业代码："+this.ProfessionID);
9.      }
10. }
```

```
1.  public class ClubMember:Student
2.  {
3.      …
4.      public override void ShowInfo()
5.      {
6.          base.ShowInfo();
7.          Console.WriteLine("社团编号："+this.ClubID);
8.          …
9.      }
10. }
```

以下是一个综合的代码示例。

```
1.  namespace Example{
2.  class A
3.  {
4.      public virtual void Func()            //virtual 关键字，表明这是一个虚函数
5.      {
6.          Console.WriteLine("Func In A");
7.      }
8.  }
9.  class B:A                          //类 B 继承类 A
```

```
10.  {
11.      public override void Func()      //关键字 override，表明重新实现了 Func 方法
12.      {
13.          Console.WriteLine("Func In B");
14.      }
15.  }
16.
17.  class C : B              //类 C 继承类 B
18.  {
19.  }
20.
21.  class D : A              //类 D 也继承类 A
22.  {
23.      //关键字 new，表明隐藏父类中的同名方法，而不是重新实现
24.      public new void Func()
25.      {
26.          Console.WriteLine("Func In D");
27.      }
28.  }
29.
30.  class Test
31.  {
32.      static void Main(string[] args)
33.      {
34.          A a;        //声明一个类 A 的对象 a
35.          A b;        //声明一个类 A 的对象 b，父类 A 的引用指向了子类 B 的对象
36.          A c;        //声明一个类 A 的对象 c
37.          A d;        //声明一个类 A 的对象 d
38.
39.          a = new A();        //实例化对象 a
40.          b = new B();        //实例化对象 b
41.          c = new C();        //实例化对象 c
42.          d = new D();        //实例化对象 d
43.
44.          a.Func();
45.          b.Func();
46.          c.Func();
47.          d.Func();
48.          D d1 = new D();
49.          d1.Func();
50.          Console.ReadLine();
51.      }
52.  }
53.  }
```

输出结果：

```
Func In A
Func In B
```

```
Func In B
Func In A
Func In D
```

【代码解读】

第 44 行：执行"a.Func();"语句，先检查声明类 A，发现 Func 方法是虚方法，a 是类 A 的对象，执行实例类 A 中定义的方法 Func()，输出结果为 Func In A。

第 45 行：执行"b.Func();"语句，因为父类 A 的引用指向了子类 B 的对象，子类 B 重写了父类 A 的虚方法 Func()，将调用类 B 中的方法，输出结果为 Func In B。这是多态的体现，也称为动态连接。

第 46 行：执行"c.Func();"语句，父类 A 的引用指向了子类 B 的子类 C 的对象，子类 C 没有重写父类 A 中的虚方法 Func()，但其父类 B 中重写了该方法，将调用类 B 中的方法，输出结果为 Func In B。

第 47 行：执行"d.Func();"语句，父类 A 的引用指向了子类 D 的对象，子类 D 没有重写父类 A 中的虚方法 Func()（注意：类 D 里有实现 Func()，但没有使用 override 关键字，所以不被认为是重写），因此将执行父类 A 中的虚方法 Func()，输出结果 Func In A。

第 48～49 行：D 类的对象 d1 调用方法 Func()，输出结果为 Func In D。

▶3. 抽象类

（1）抽象类的概念。

在实际的编程过程中，常常有很多类只用来继承，不需要实例化，如编写一个俄罗斯方块的小游戏代码，我们设计基类图形类 Shape，然后设计派生类 LShape 类、TShape 类等，每个类都有 Draw 方法用于绘制图形。对于基类 Shape 来说，Draw 方法并不好实现，因为 Shape 这个概念只是具体图形的抽象。在这种情况下，在定义基类时，其中的方法可以没有具体的方法实现，而用抽象方法进行描述，那么这个类也就成了抽象类。

抽象类是指基类的定义中声明不包含任何实现代码的方法，实际上就是一个不具有任何具体功能的方法。这个方法的唯一作用就是让派生类重写。

在基类定义中，只要类体中包含一个抽象方法，该类即为抽象类。在抽象类中也可以声明一般的虚方法。

（2）抽象类的定义。

声明抽象类与抽象方法均需使用 abstract 关键字，其格式为：

```
public abstract class 类名称
{
    …
    public abstract 返回类型 方法名称(参数列表);
    …
}
```

抽象方法不是一般的空方法，声明抽象方法时，没有方法体，只在方法后跟一个分号。抽象类和非抽象类主要有以下几个方面的区别。

① 抽象类可以声明实例，但不能实例化。抽象类实例只能引用派生类的对象，通过派生类的对象去访问抽象类中的成员。

假定 A 是抽象类，B 是抽象类 A 的派生类，A 中有公有成员方法 C。下列代码显示了如何通过 A 中的实例访问 A 中的方法 C。

```
A a=new B();            //定义抽象类 A 的实例 a，并让其引用派生类 B 的对象
a.C();                  //访问 A 中的方法 C
```

② 抽象类可以含有抽象方法和抽象属性，此时派生类必须实现基类的抽象成员。普通基类也可以定义虚成员以使其派生类可以有自己的实现，但派生类可以不实现基类的虚成员，而是继承基类的虚成员。

（3）抽象方法重写。

当定义抽象类的派生类时，派生类自然从抽象类继承抽象方法成员，并且必须重写抽象类的抽象方法。这是抽象方法与虚方法的不同，因为对于基类的虚方法，其派生类可以不必重写。重写抽象方法必须使用 override 关键字。

重写抽象方法的格式为：

```
public override 返回类型 方法名称(参数列表)
{
    方法体
}
```

其中，方法名称与参数列表必须与抽象类中的抽象方法完全一致。

4. 虚方法和抽象方法的比较

（1）虚方法必须有实现部分，并为派生类提供覆盖该虚方法的选项，抽象方法没有提供实现部分，抽象方法是一种强制派生类覆盖的方法，否则派生类将不能被实例化。如：

```
public abstract class Animal
{
    public abstract void Sleep();        //定义抽象方法
    public abstract void Eat();
}

    public class Animal
{
    public virtual void Sleep(){}        //定义虚方法
    public virtual void Eat(){}
}
```

（2）抽象方法只能在抽象类中声明，抽象方法必须在派生类中重写。如果类包含抽象方法，那么该类也是抽象的，也必须声明为抽象的。例如，下面的程序编译时，编译器会报错。

```
public class Animal
{
    public abstract void Sleep();
    public abstract void Eat();
}
```

（3）抽象方法必须在派生类中重写，这一点跟接口类似，虚方法则不必。抽象方法不能声明方法实体，而虚方法可以。包含抽象方法的类不能实例化，而包含虚方法的类可以实例化。如：

```
public abstract class Animal
{
    public abstract void Sleep();
```

```
        public abstract void Eat();
    }
    public class Cat : Animal
    {
        public override void Sleep()
        {
            Console.WriteLine( "Cat is sleeping" );
        }
    }
```

训练任务

（1）创建一个长方形类 Rectangle，类图如图 3-2-6 所示，类的成员中包含字段、属性和构造方法，包括无参和带参构造方法。此外，还有一个求面积的方法 GetArea()。

（2）创建一个正方形类 Square，类图如图 3-2-6 所示，该类继承自 Rectangle 类。该类包含无参和带参构造方法，要求通过 base 关键字调用父类构造方法。

（3）编写测试代码，创建 Rectangle 类和 Square 类的对象并调用 GetArea()方法求出面积。

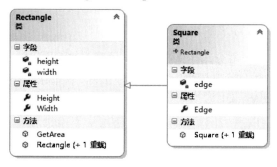

图 3-2-6　Rectangle 类图

任务 3.3　创建社员管理数据访问接口

任务目标

本任务将创建"学生社团管理系统"社员管理的数据访问接口，编写测试程序，并编译、运行。接口详细信息如图 3-3-1 所示。

图 3-3-1　接口详细信息

任务分析

接口（interface）是一种用于定义程序的协定。实现接口的类或者结构要与接口的定义严格一致，使用接口可以使程序更加清晰和具有条理。本任务是要实现一个社员管理数据访问的接口。

实现过程

步骤一： 在解决方案 StudentClubMis 中创建接口类库项目。

在"解决方案资源管理器"面板中，右击解决方案名称，执行"添加 | 新建项目"命令，选择"类库"，输入项目名"IDAL"，为解决方案 StudentClubMis 添加接口类库项目，如图 3-3-2 所示。

图 3-3-2　添加接口类库项目

步骤二： 创建接口 IMemberService。

右击"IDAL"项目，执行"添加 | 新建项"命令，选择"接口"模板，在 IDAL 项目中添加一个接口文件 IMemberService.cs，如图 3-3-3 所示。代码编辑器窗口中将自动生成接口声明的代码，如图 3-3-4 所示。

图 3-3-3　添加 IMemberService 接口文件

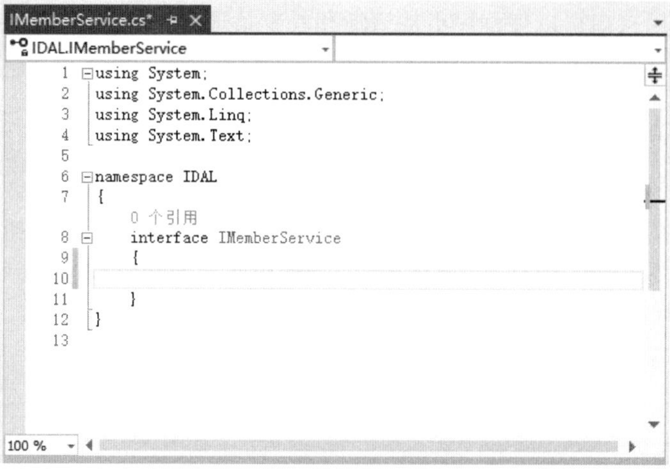

图 3-3-4 自动生成 IMemberService 接口声明代码

步骤三： 声明接口中的成员。

接口可以包含属性、方法、索引指示器和事件等成员，但并不包括它们的实现。方法的实现是在实现接口的类中完成的。本接口提供社员管理数据访问的方法，主要包括根据社团编号获取所有社员信息、根据社员编号获得社员信息、添加社员、修改社员、删除社员等操作，因此，在接口中依次声明这些方法。代码如下：

```
1.  public interface IMemberService
2.  {
3.      //根据社团编号获取所有社员信息
4.      ArrayList GetAllMembers(int clubid);
5.
6.      //根据社员编号获得社员信息
7.      ClubMember GetMemberByID(string id);
8.
9.      //添加社员
10.     bool AddMember(ClubMember member);
11.
12.     //修改社员
13.     bool UpdateMember(ClubMember member);
14.
15.     //删除社员
16.     bool DeleteMember(string id);
17. }
```

步骤四： 添加项目引用。

在接口方法声明中，由于用到 Model 项目及其他命名空间的类，因此需要添加引用。引用项目的方法参见任务 3.1 步骤七。右击类名，选择"解析"命令，选择相应命名空间，如图 3-3-5 所示。也可手动添加 using 语句，引用命名空间的代码如下所示：

```
using Model;
using System.Collections;
```

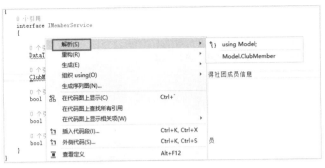

图 3-3-5　选择"解析"命令

步骤五：创建 MemberManageTest 类实现接口 IMemberService。

在 Test 项目中添加类 MemberManageTest，该类将实现 IMemberService 接口。真正实现 IMemberService 接口方法还需要后续的知识，这里只进行简单实现。MemberManageTest 类的代码如下：

```
1.  class MemberManageTest:IMemberService
2.  {
3.      //获取所有社员信息
4.      public ArrayList GetAllMembers(int clubid)
5.      {
6.          Console.WriteLine("查询所有成员信息！");
7.          return null;
8.      }
9.      //根据编号获得社员信息
10.     public ClubMember GetMemberByID(string id)
11.     {
12.         Console.WriteLine("查询编号"+id+"的成员！");
13.         return null;
14.     }
15.     //添加社员
16.     public bool AddMember(ClubMember member)
17.     {
18.         Console.WriteLine("添加新社员" +member.Name+"成功！");
19.         return true;
20.     }
21.     //修改社员
22.     public bool UpdateMember(ClubMember member)
23.     {
24.         Console.WriteLine("修改社员" +member.Name+"成功！");
25.         return true;
26.     }
27.
28.     //根据编号删除社员
29.     public bool DeleteMember(string id)
30.     {
31.         Console.WriteLine("成功删除编号"+id+"的社员！");
32.         return true;
```

```
33.     }
34.  }
```

步骤六： 在 Test 项目中编写测试代码并运行。

```csharp
1.  static void Main(string[] args)
2.  {
3.       string answer = "";
4.       do
5.       {
6.           Console.WriteLine(" ***********欢迎使用学生社团管理系统********");
7.           Console.WriteLine(" >>社员管理                                    ");
8.           Console.WriteLine("                                              ");
9.           Console.WriteLine("                        1.添加社员            ");
10.          Console.WriteLine("                        2.社员列表            ");
11.          Console.WriteLine("                        3.社员查询            ");
12.          Console.WriteLine("                        4.修改社员            ");
13.          Console.WriteLine("                        5.删除社员            ");
14.          Console.WriteLine(" *******************************************");
15.          Console.Write("请选择（1-5）: ");
16.          MemberManageTest mmobj = new MemberManageTest();
17.          string choice =Console.ReadLine();
18.          ClubMember cm = new ClubMember("18623405", "张小明", "男",
             Convert.ToDateTime("2001-4-8"), "2018", 2, 3, 1, "3456543000",
             "13876765456", "zxm.jpg", "打球", "一级运动员");
19.          switch (choice )
20.          {
21.              case "1":
20.                  mmobj.AddMember(cm);
22.                  break;
18.              case "2":
20.                  mmobj .GetAllMembers(1);
21.                  break;
23.              case "3":
24.                  mmobj.GetMemberByID("18623405");
27.                  break;
28.              case "4":
24.                  mmobj.UpdateMember(cm);
27.                  break;
28.              case "5":
24.                  mmobj.DeleteMember("18234542");
27.                  break;
29.              default:
24.                  Console.WriteLine("输入错误！");
27.                  break;
30.          }
31.      }while (answer=="Y");
32.  }
```

步骤七：保存并运行程序，运行结果如图 3-3-6 所示。

图 3-3-6　运行结果

1. 接口的概念

前面介绍了抽象类，如果一个抽象类中的所有方法都是抽象的，就可以将这个类用另外的方式来定义，那就是接口。在 C#中，接口是一种程序的协定。通俗地讲，接口可以说明一个类"能做什么"。实现接口的类或者结构要与接口的定义严格一致。定义接口，里面包含方法，但没有方法具体实现的代码，在实现该接口的类里面要实现接口的所有方法。一个接口定义一个只有抽象成员的引用类型。接口实际上仅有方法标志，但没有执行代码。因此，不能实例化一个接口，只能实例化一个派生自该接口的对象。

2. 接口的定义

接口中只能包含方法、属性、索引器和事件的声明。不允许声明成员的访问修饰符，即使声明为 pubilc 也不行，因为接口成员总是公有的，也不能声明为虚拟和静态。如果需要修饰符，最好让接口的实现类来声明。

C#使用 interface 关键字来定义接口。其基本结构如下：

```
访问修饰符  interface 接口名
{
    接口成员
}
```

例如：定义一个名为 IPrint 的接口。

```
public interface IPrint    //定义接口
{
    void Print();
}
```

下面的接口定义有错误：

```
1.  interface IShape            //定义接口
2.  {
3.      public float GetArea();
4.      public void Draw()
5.      {  }
6.  }
```

上述接口定义有两处错误：一处在第 3、4 行，在声明变量和方法时，不能设置访问修饰符；另一处在第 5 行，声明的方法中不能有实现，哪怕是空方法也不可以。

对接口定义时应当注意以下几点：

（1）接口的成员包括从基接口继承的成员和接口本身定义的成员。

（2）接口定义可以定义零个或多个成员。接口的成员必须是方法、属性、事件或索引器。接口不能包含常数、字段、运算符、实例构造函数、析构函数或类型，也不能包含任何种类的静态成员。

（3）接口成员默认访问方式是 public。接口成员定义不能包含任何修饰符，如成员定义前不能有 abstract、public、protected、internal、private、virtual、override 或 static 修饰符。

（4）接口的成员之间不能相互同名。继承而来的成员不用再定义，但接口可以定义与继承而来的成员同名的成员，这时接口成员覆盖了继承而来的成员，这不会导致错误，但编译器会给出警告提示。关闭警告提示的方式是在成员定义前加上一个 new 关键字，但如果没有覆盖父接口中的成员，使用 new 关键字会导致编译器发出警告。

（5）方法的名称必须与同一接口中定义的所有属性和事件的名称不同。此外，方法的签名必须与同一接口中定义的所有其他方法的签名不同。

（6）属性或事件的名称必须与同一接口中定义的所有其他成员的名称不同。

（7）接口方法声明中的属性、返回类型、标识符和形式参数列表与一个类的方法声明中的那些有相同的意义。一个接口方法声明不允许指定一个方法主体，而声明通常用一个分号结束。

（8）接口属性声明的访问符与类属性声明的访问符相对应，除了访问符，主体必须用分号。因此，无论属性是读/写、只读或只写，访问符都完全确定。

▶ 3. 实现接口

接口可由类实现，接口标识符出现在类的基列表中。例如：

```
class MyClass:Iface1,Iface2
{
    //类的成员
}
```

冒号是类实现接口的标识符，表示类 MyClass 实现了接口 Iface1 和 Iface2，如果要实现多个接口，可用逗号隔开。如果一个类既继承一个基类又实现一个接口，那么基类放在最前面。

例如，定义接口 Iflyable 的示例代码如下：

```
public interface Iflyable   //定义接口
{
    void Fly();
}
```

下面的两个类实现了 Iflyable 接口：

```
1.  public class Plane: Iflyable          //飞机类实现接口 Iflyable
2.  {
3.      public void Fly()
4.      {
5.          Console.WriteLine("飞机使用引擎和机翼飞行");
```

```
6.       }
7. }
8. public class Bird: Iflyable          //鸟类实现接口 Iflyable
9. {
10.      public void Fly()
11.      {
12.           Console.WriteLine("鸟类使用翅膀飞行");
13.      }
14. }
```

在上面的代码中，类 Plane 和 Bird 实现接口 Iflyable，用 ":" 表示正在实现接口。因此，在类中必须要实现接口 Iflyable 中所声明的所有成员。

注意，当实现接口 Iflyable 中声明的 Fly 方法时，必须要加上访问修饰符 public，否则无法实现接口成员。

关于接口和继承的注意事项如下。

（1）C#中的接口是独立于类定义的。

（2）接口和类都可以继承多个接口。

（3）类可以继承一个基类，接口根本不能继承类。

4. 接口的作用

利用接口可实现多重继承，即一个类可以实现多个接口，在实现接口 ":" 的后面罗列多个接口，并用逗号分隔。C#不支持多重继承，也就是一个类只能有一个父类，利用接口可以达到多继承的效果。

 拓展学习

1. 接口作用的进一步讨论

C#接口让很多初学者感觉不那么容易理解，使用时看起来只需要定义接口，但里面包含的方法没有具体实现的代码，因此要在继承该接口的类里面实现接口的所有方法。如果没有真正认识到接口的作用，那么就会觉得没有必要使用接口。下面通过一个具体的实例为读者介绍接口的作用。

先定义一个接口 IBark。

```
public interface IBark
{
    void Bark();
}
```

再定义一个类，继承于 IBark，并且必须实现其中的 Bark 方法。

```
public class Dog:IBark
{
    public Dog()    {       }
    public void Bark()
    {
        Consol.write("汪汪汪");
    }
}
```

然后，在测试类中声明 Dog 类的一个实例，并调用 Bark 方法。

```
Dog mydog=new Dog();
mydog.Bark();
```

试想一样，若是想调用 Bark 方法，只需要在 Dog 类中声明这样的一个方法就可以了，为何还要使用接口呢？因为接口中并没有 Bark 方法的具体实现，真的实现还是要在 Dog 类中进行，那么使用接口不是多此一举吗？

从接口的定义来说，接口其实就是类和类之间的一种协定、一种约束。还以上面的代码为例，所有继承了 IBark 接口的类中必须实现 Bark 方法，那么从使用类的用户角度来看，如果用户知道了某个类继承于 IBark 接口，那么该用户就可以放心地调用 Bark 方法，而不用管 Bark 方法具体是如何实现的。我们另外编写的一个类的代码如下：

```
public class Cat: IBark
{
    public Cat()
    {     }

    public void Bark()
    {
        Console.writeLine("喵喵喵");
    }
}
```

当用户用到 Cat 类或 Dog 类时，知道它们继承于 IBark 接口，就不用关心类里的具体实现，直接调用 Bark 方法，因为这两个类中肯定有 Bark 方法的具体实现。

从设计角度来看，一个项目中有若干个类需要编写代码，由于这些类比较复杂，工作量也比较大，这样每个类就需要多个工作人员进行编写。例如，A 程序员定义 Dog 类，B 程序员定义 Cat 类，这两个类本来没什么联系，但是用户需要它们都实现一个关于"叫"的方法，这就要对它们进行约束，让它们都继承于 IBark 接口，目的是方便统一管理。同时，接口还方便调用。当然，不用接口一样可以达到目的，只不过约束就不那么明显了，难免有人会漏掉这个方法。所以还是使用接口更可靠一些，约束也更强一些。

2. 接口和抽象类的区别

接口与抽象类的相似之处：

（1）接口和抽象类都不能实例化。

（2）接口和抽象类都包含未实现的方法声明。

（3）接口和抽象类的派生类都必须实现未实现的方法。对抽象类而言，其派生类只是实现抽象方法；对于接口而言，其派生类要实现所有成员（不仅是方法，还包括其他成员）。

抽象类和接口的区别：

（1）类是对象的抽象，抽象类是类的抽象。即将类当作对象而抽象成的类叫作抽象类。接口只是一个行为的规范或规定，微软的自定义接口总是后带 able 字段，有表述一个类"我能做……"之意。抽象类更多的是定义在一系列紧密相关的类间，而接口大多数是定义在关系疏远但都能实现某一功能的类中。

（2）接口基本上不具备继承的任何具体特点，它仅仅承诺了能够调用的方法。

（3）一个类一次可以实现若干个接口，但是只能扩展一个父类。

（4）抽象类实现的具体方法默认为虚的，但实现接口的类中的接口方法默认为非虚的，当然也可以声明为虚的。

（5）接口与非抽象类类似，抽象类也必须为在该类的基类列表中列出的接口的所有成员提供它自己的实现。但是，允许抽象类将接口方法映射到抽象方法上。

（6）如果抽象类实现接口，则可以把接口中的方法映射到抽象类中作为抽象方法且不必实现，而在抽象类的子类中实现接口中的方法。

 训练任务

（1）在 IDAL 项目中添加接口文件 IUserService.cs，提供用户管理数据访问接口，成员列表如图 3-3-7 所示。

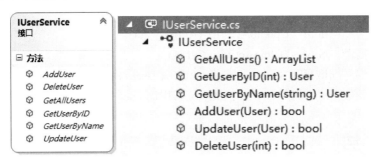

图 3-3-7　用户管理数据访问接口成员列表

添加用户：bool AddUser(User user)。

修改用户：bool UpdateUser(User user)。

删除用户：bool DeleteUser(int id)。

获取所有用户信息：ArrayList GetAllUsers()。

依据编号获取用户信息：User GetUserByID(int id)。

依据用户名获取用户信息：User GetUserByName(string name)。

（2）在 IDAL 项目中添加接口文件 IClubService.cs，提供社团管理数据访问接口，接口成员列表如图 3-3-8 所示。

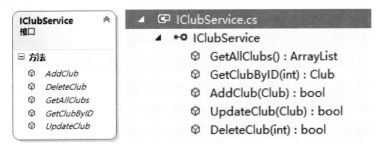

图 3-3-8　社团管理数据访问接口成员列表

添加社团：bool AddClub(Club club)。

修改社团：bool UpdateClub(Club club)。

删除社团：bool DeleteClub(int id)。

获取所有社团信息：ArrayList GetAllClubs()。

依据编号获取社团信息：Club GetClubByID(int id)。

（3）在 IDAL 项目中，添加接口文件 IActivityService.cs，主要提供社团活动管理数据访问接口，接口成员列表如图 3-3-9 所示。

图 3-3-9　社团活动管理数据访问接口成员列表

添加社团活动：bool　AddActivity (Activity act)。

修改社团活动：bool　UpdateActivity (Activity act)。

删除社团活动：bool　DeleteActivity (int id)。

依据社团编号获取所有活动：ArrayList GetAllActivitiesByClubID(int clubid)。

依据编号获取活动：Activity GetActivityByID(int activityid)。

项目小结

本项目实现了"学生社团管理系统"实体类及数据访问接口的创建。首先介绍了如何创建学生类，使读者掌握类和对象的概念，以及定义类和实例化类的方法；其次介绍了社员类的创建，使读者掌握继承的概念、继承的特点和继承的实现；最后介绍了创建社员管理数据访问接口的方法，使读者了解接口概念、掌握接口的定义和实现方法。

项目 4

系统用户界面设计

本项目将介绍"学生社团管理系统"Windows 窗体应用程序的用户界面设计。Visual Studio 提供了可视化的设计环境，使得 Windows 窗体应用程序的界面设计更加简单快捷。

开发大多数 Windows 窗体应用程序的核心是窗体设计器，创建用户界面时，将控件从工具箱拖放到窗体上，接着再为该控件添加处理程序，实现相应功能。党的十八大以来，习近平总书记始终强调要落实以民为本、以人为本的执政理念，在软件开发中，人机界面的设计也要遵守"以人为本"的原则，要做到人性化，并将人性化理念融入互动设计，实现与用户的交互与沟通。

学习重点：

☑ 在 Visual Studio 开发环境中创建"Windows 窗体应用程序"项目；
☑ 熟悉按钮、标签、文本框、图片框、单选按钮、复选框、列表框、组合框等标准控件的常用属性、重要方法及事件；
☑ 了解控件命名规范；
☑ 了解事件驱动机制；
☑ 了解鼠标事件和键盘事件，会应用这些事件实现简单的用户交互。

本项目任务总览：

任 务 编 号	任 务 名 称
4.1	创建"Windows 窗体应用程序"项目
4.2	欢迎界面设计
4.3	用户登录窗体设计
4.4	社员信息管理窗体设计
4.5	社员照片选择及预览
4.6	系统主界面设计
4.7	用户界面交互性提升
4.8	窗体连接与数据传递

任务 4.1　创建"Windows 窗体应用程序"项目

任务目标

本任务的目标是创建"学生社团管理系统"的"Windows 窗体应用程序"项目，并编译、运行该程序。

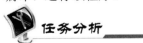
任务分析

"学生社团管理系统"是一个基于 Windows 的窗体应用程序，其能通过友好的窗体界面，与用户进行良好的交互。因此，建立一个"Windows 窗体应用程序"类型的项目，为软件提供用户访问界面，是整个系统开发的重要基础。Visual Studio 开发环境提供了"Windows 窗体应用程序"项目的模板，其创建过程与创建"控制台应用程序"项目类似。

步骤一：在解决方案 StudentClubMis 中创建"Windows 窗体应用程序"项目。

打开"解决方案资源管理器"面板，右击解决方案"StudentClubMis"名称，执行"添加 | 新建项目"命令，选择"Windows 窗体应用程序"选项，输入项目名称"WindowsForms"，单击"确定"按钮，为解决方案 StudentClubMis 添加新的"Windows 窗体应用程序"项目，如图 4-1-1 所示。

图 4-1-1　添加"Windows 窗体应用程序"项目

项目建好后，出现如图 4-1-2 所示的 Windows 窗体应用程序工作界面。界面左侧为"工具箱"面板，右侧是"解决方案资源管理器"和"属性"面板。在"解决方案资源管理器"面板中，可见"WindowsForms"项目包含了窗体文件 Form1.cs 和 program.cs 文件，Form1.cs 文件已默认打开，可以进行窗体设计和编码。

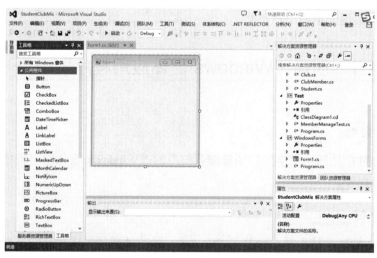

图 4-1-2　Windows 窗体应用程序工作界面

查看建立在指定路径下的项目文件夹，可以看到该文件夹中生成了与"解决方案资源管理器"面板中显示内容相关联的文件。

步骤二：保存文件，运行程序。

单击工具栏中的 ▶ 启动 按钮（启动调试），或按功能键"F5"运行程序。屏幕上将出现一个窗体，如图 4-1-3 所示。

图 4-1-3　程序运行后的窗体

技术要点

1. Windows 窗体应用程序开发环境（IDE）介绍

（1）工具箱。

工具箱是 Windows 窗体应用程序开发中常用控件的集合，"工具箱"面板如图 4-1-4 所示。它具有若干选项，每个选项包含某一类型的控件集，控件是构造 Windows 窗体应用程序用户界面的图形化工具。将控件添加到窗体中，即可轻松创建出标准的 Windows 用户界面。可通过执行"视图 | 工具箱"命令显示"工具箱"面板。

图 4-1-4　"工具箱"面板

（2）窗体设计器与代码编辑器。

Windows 窗体应用程序开发时有"设计"和"代码"两种视图。设计视图中的窗体设计器用于创建用户界面，而代码视图中的代码编辑器则用于源代码编写，如图 4-1-5 所示。可通过"视图 | 代码"命令切换至代码视图窗口，也可按"F7"键和"Shift+F7"组合键切换两种视图。

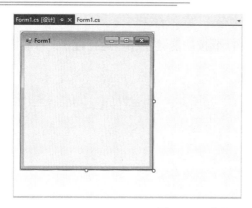

图 4-1-5　窗体设计器和代码编辑器

（3）解决方案资源管理器。

如图 4-1-6 所示的"解决方案资源管理器"面板以分层视图的方式显示所有文件、项目设置及对应程序所需要的外部库的引用。用户可以在解决方案或项目中查看项并执行项管理任务。

（4）属性。

"属性"面板用于显示选定目标对象的属性。属性定义了目标对象的特征，如按钮的位置、窗体的大小、文本的样式等。在如图 4-1-7 所示的"属性"面板中，用户可以方便快捷地设置对象的属性，在窗体设计器中即可看到效果，"属性"面板中的内容将随着选择对象的不同而变化。

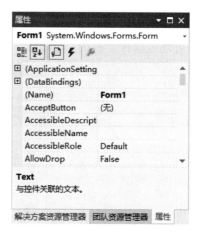

图 4-1-6　"解决方案资源管理器"面板　　图 4-1-7　"属性"面板

"属性"面板中有一个工具栏，其中各按钮的含义如表 4-1-1 所示。

表 4-1-1　"属性"面板中工具栏按钮含义

按钮图标	名　称	说　明
按分类排序		单击该按钮，属性按照类型进行排序
按字符排序		单击该按钮，属性按照属性名称字母升序进行排序
属性		单击该按钮，窗体显示当前对象的属性
事件		单击该按钮，窗体显示当前对象的事件

（5）输出。

"输出"面板用于显示程序编译过程中产生的输出信息，如图 4-1-8 所示。

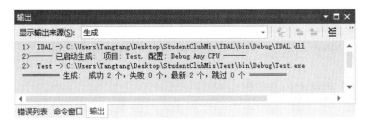

图 4-1-8　"输出"面板

（6）错误列表。

"错误列表"面板用于显示程序在编译过程中产生的错误，可以根据该面板中错误列表的提示进行程序的修改，如图 4-1-9 所示。

图 4-1-9　"错误列表"面板

▶2. Windows 窗体应用程序的结构

本任务创建了一个"Windows 窗体应用程序"项目，但未对其进行设计与编码。可以说，该项目程序是最简单的 Windows 窗体应用程序。Windows 窗体应用程序与控制台应用程序具有类似的结构，包含命名空间引用声明、类、Main 方法等。打开 Program.cs 文件，可见系统自动生成的代码如下：

```csharp
1.  using System;
2.  using System.Collections.Generic;
3.  using System.Linq;
4.  using System.Windows.Forms;
5.  namespace StudentsClubMIS
6.  {
7.      static class Program
8.      {
9.          /// <summary>
10.         /// 应用程序的主入口点。
11.         /// </summary>
12.         [STAThread]
13.         static void Main()
14.         {
15.             Application.EnableVisualStyles();
16.             Application.SetCompatibleTextRenderingDefault(false);
17.             Application.Run(new Form1());
```

```
18.          }
19.      }
20. }
```

Windows 窗体应用程序主要由一个个窗体构成，每个窗体都继承自 System.Windows.Forms.Form 类；在 Main 方法中，调用 Application 类的 Run 方法来运行程序，方法参数是要启动的窗体实例。

窗体类 Form1 所对应的类代码如下：

```
1.   using System;
2.   using System.Collections.Generic;
3.   using System.ComponentModel;
4.   using System.Data;
5.   using System.Drawing;
6.   using System.Linq;
7.   using System.Text;
8.   using System.Windows.Forms;
9.
10.  namespace WindowsForms
11.  {
12.      public partial class Form1 : Form
13.      {
14.          public Form1()
15.          {
16.              InitializeComponent();
17.          }
18.      }
19.  }
```

此段代码在窗体类 Form1 的构造方法中调用了 InitializeComponent 方法，主要用于进行一些初始化工作，包括创建控件、设置控件属性、添加控件到窗体等。有兴趣的读者可以查看 InitializeComponent 方法的定义。对于系统自动生成的代码，用户尽量不要修改，以免出错。

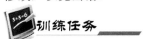

在 Visual Studio 中练习创建"Windows 窗体应用程序"项目，熟悉程序结构和特点。

任务4.2　欢迎界面设计

本任务的目标是设计"学生社团管理系统"的欢迎界面。界面以图片方式呈现，图片大小为 425px×275px，要求系统启动时欢迎界面在屏幕上居中显示，欢迎界面效果如图 4-2-1 所示。

图 4-2-1　欢迎界面效果

 任务分析

　　欢迎页面是用户对于系统或者网站的第一印象，力求简洁时尚，符合系统特性。

　　根据任务目标，可知欢迎界面实际上是一个经过设置的窗体。该窗体的大小为425px×275px，以图片为背景。与一般窗体不同的是，它无边框，且无"关闭""最大化""最小化"按钮。所有这些设置可以在窗体设计器中完成，也可以通过编码来实现。

 实现过程

　　准备工作：准备一张作为欢迎界面的图片（welcome.jpg），图片大小合适。

　　步骤一：新建窗体 FrmWelcome。

　　右击"WindowsForms"选项，在快捷菜单中选择"添加 | 新建项"命令，在如图 4-2-2 所示的"添加新项"对话框中选择"Windows"窗体，并以"FrmWelcome.cs"命名，新添加的空白窗体 FrmWelcome 将会出现在项目文件列表中。

图 4-2-2　"添加新项"对话框

　　步骤二：设置窗体相关属性。

　　双击"FrmWelcome.cs"窗体文件，在窗体设计器中选中该窗体，按"F4"键打开

"属性"面板；将窗体的 Width 和 Height 属性分别设置为 425 和 275，通过 BackgroundImage 属性设置背景图片文件，将 FormBorderSytle 属性设置为 None，将 StartPosition 属性设置为 CenterScreen，如图 4-2-3 所示。

图 4-2-3　窗体属性设置

除了利用"属性"面板设置属性，也可以编写代码设置属性，具体方法如下。

首先，在"属性"面板中，单击"事件"按钮 ⚡，在列表中选择"Load"事件，如图 4-2-4 所示。双击事件名称或将光标定位在事件名称后的文本框中，按"Enter"键，将自动转到代码编辑视图。此时，可在窗体 Load 事件响应方法内编写代码，如图 4-2-5 所示。

图 4-2-4　选择"Load"事件　　　图 4-2-5　Load 事件响应方法代码编写

接着，在 Load 事件响应方法内部添加设置窗体属性的代码：

```
1.  private void FrmWelcom_Load(object sender, EventArgs e)
2.  {
3.      this.Width = 425;                                   //设置窗体宽
4.      this.Height = 275;                                  //设置窗体高
5.      this.FormBorderStyle = FormBorderStyle.None;        //设置窗体边框风格
6.      this.BackgroundImage = Image.FromFile("welcome.jpg");
7.  }
```

第 3～6 行代码中的 this 是一个关键字，指的是当前活动窗体对象。

步骤三：设置启动项目和启动窗体。

右击"WindowsForms"项目名，在快捷菜单中选择"设置为启动项目"选项；双击"Programe.cs"文件名打开文件，将 Application.Run(new Form1())的参数改为 new FrmWelcome()，即可将应用程序的启动窗体设置为当前的欢迎窗体 FrmWelcome。

步骤四：保存并运行程序。

单击工具栏中的 ▶ 启动 按钮，或按功能键"F5"运行程序。由于欢迎窗体没有"关闭"按钮，可按 "Alt+F4"组合键来关闭。

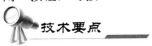
技术要点

▶ 1. 窗体

在 Windows 中，窗体是向用户显示信息的可视界面，是 Windows 应用程序的基本单元。实质上，窗体是一块空白面板，可以通过在窗体上添加控件来创建用户界面。窗体也是对象，一个 Windows 窗体代表了.NET 框架里的 System.Windows.Forms.Form 类的一个实例。窗体类（Form）定义了生成窗体的模板，每实例化一个窗体类，就产生一个窗体。在编写窗体应用程序时，首先需要设计窗体的外观并添加控件或组件。Visual Studio 提供了图形化的可视窗体设计器，可以实现所见即所得的设计效果，并快速开发窗体应用程序。

（1）窗体的属性。

窗体包含一些基本的组成要素，包括图标、标题、位置和背景等，这些要素可以通过窗体的"属性"面板进行设置，也可以通过代码实现。开发人员为了快速开发窗体应用程序，通常通过"属性"面板进行设置。表 4-2-1 中列出了窗体的常用属性。

表 4-2-1 窗体常用属性

属　　性	说　　明
Name	获取或设置窗体的名称
Text	获取或设置在窗口标题栏中显示的文本
Height	获取或设置窗体的高度
Width	获取或设置窗体的宽度
BackColor	窗体背景颜色
ForeColor	窗体前景颜色
BackgroundImage	窗体背景图片
FormBorderStyle	窗体边框外观，该属性有多个值，具体如表 4-2-2 所示
MaximizeBox	是否需要"最大化"按钮
MinimizeBox	是否需要"最小化"按钮
ControlBox	是否需要"关闭"按钮
Opacity	获取或设置窗体透明度
WindowState	设置窗体的初始可视状态
StartPosition	窗体显示在屏幕上的初始位置

表4-2-2　FormBorderStyle 属性值

属 性 值	说 明
Fixed3D	固定的三维边框
FixedDialog	固定的对话框样式的粗边框
FixedSingle	固定的单行边框
FixedToolWindow	不可调整大小的工具窗口边框
None	无边框
Sizable	可调整大小的边框
SizableToolWindow	可调整大小的工具窗口边框

（2）Windows 应用程序编程模型。

Windows 应用程序编程模型基于事件。事件是用户对控件进行的某些操作。当控件更改某个状态时，它将引发一个事件。为了处理事件，应用程序为该事件注册一个事件处理程序。事件处理程序是绑定到事件的方法，当事件发生时，就执行该方法内的代码。

每个窗体和控件都公开了一组预定义事件，可根据这些事件进行编程。如果发生其中一个事件并在相关联的事件处理程序中有代码，则执行这些代码。

（3）窗体的 Load 事件。

Windows 是事件驱动的操作系统，与窗体类的任何交互都是基于事件来实现的。窗体 Form 类提供了大量的事件用于响应对窗体执行的各种操作，窗体最重要的事件是 Load 事件，它也是窗体的默认事件。窗体加载时，将触发窗体的 Load 事件。前面我们在窗体 Load 事件的响应方法 FrmWelcome_Load 中编写了设置窗体属性的代码，当窗体加载时，这些代码将会被执行，从而实现对窗体属性的设置。

（4）窗体的 Load 事件代码解读。

```
1.  private void Form1_Load(object sender, EventArgs e)
2.  {
3.      this.Width = 425;
4.      this.Height = 275;
5.      this.FormBorderStyle = FormBorderStyle.None;
6.      this.BackgroundImage = Image.FromFile("welcome.jpg");
7.  }
```

【代码解读】

第3、4行：设置窗体的宽和高，单位为像素。

第5行：设置窗体为无边框风格，即 FormBorderStyle 属性的值为 None。

第6行：调用 Image 类的 FromFile 方法设置窗体背景图片（welcome.jpg）。图片保存在项目文件夹内 bin/Debug 路径下，此处使用了相对路径，也可指定其他路径。

2. 设置启动窗体

一个 Windows 应用程序中可以包含多个窗体，不同的窗体负责实现不同的功能，并且相互独立。新窗体的添加方法参见本任务步骤一。一个包含多个窗体的应用程序称为多重窗体程序。对其而言，必须设置一个在程序运行时的启动窗体，其他窗体的显示可以通过编写相应的代码来实现。默认情况下，系统第一个创建的窗体为启动窗体，如要指定其他窗体为启动窗体，可修改 Program.cs 文件 Main 方法"Application.Run(new Form1());"语句中 Run 方法的参数。例如，要将窗体 FormStart 设置为启动窗体，则 Main 方法中的代码应写成：

```
static void Main()
{
    ...
    Application.Run(new FormStart());
}
```

 拓展学习

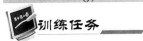 **窗体的显示、关闭和隐藏**

（1）窗体的显示。

如果要在一个窗体 Form1 中通过按钮打开另一个窗体 Form2，就必须通过调用 Show 方法显示窗体，代码如下：

```
Form2 frm2 = new Form2();        //实例化 Form2
frm2.Show();                      //调用 Show 方法显示 Form2 窗体
```

（2）窗体的关闭。

通过调用窗体的 Close 方法关闭窗体，语句为：

```
this.Close();
```

（3）窗体的隐藏。

通过调用窗体的 Hide 方法隐藏窗体，语句为：

```
this.Hide();
```

训练任务

创建一个 Windows 应用程序，同时为该应用程序添加 3 个窗体，它们是 FrmStart、FrmLogin、FrmMain；分别按照下列要求进行设置，并将窗体 FrmStart 设置为启动窗体，3 个窗体效果如图 4-2-6 所示。

图 4-2-6　窗体效果

（1）FrmStart 窗体设置要求：窗体以一个图片为背景，无边框；启动时在屏幕上居中显示；窗体宽 298px，高 194px。

（2）FrmLogin 窗体设置要求：窗体标题栏文本为"用户登录"；窗体宽 320px，高 226px，窗体大小固定，无最大化和最小化按钮；启动时在屏幕上居中显示。

（3）FrmMain 窗体设置要求：窗体标题栏文本为"系统主窗体"；背景色为深灰色；窗体的透明度为 70%；启动时最大化显示。

任务 4.3　用户登录窗体设计

任务目标

本任务创建"学生社团管理系统"应用程序的"用户登录"窗体，如图 4-3-1 所示。在"用户登录"窗体中，用户可以通过文本框输入用户名和密码，单击"登录"按钮进行登录，窗体会显示登录结果；单击"重置"按钮则可清空文本框信息（假设用户名为 Tomy，密码为 A!W@b3m4）。

图 4-3-1　"用户登录"窗体

任务分析

用户登录是用户身份的验证环节，系统中最重要的功能之一，是为了提升帐号安全性而采取的措施。党的二十大多次强调了"数据安全"，坚持安全与发展并重。设计一个安全的登录流程十分必要，保护用户账号不被黑客窃取，保护用户的基本利益。作为软件开发人员，不但要注重软件功能的实现，要更多考虑软件的安全性。

"用户登录"窗体中包含了图片、文本、按钮及供用户输入数据的文本框等元素，这些元素被称为"控件"。首先需要在窗体中创建这些控件，并设置其重要属性；接着在按钮的 Click 事件中编写代码，实现功能。用户登录的业务流程如图 4-3-2 所示。

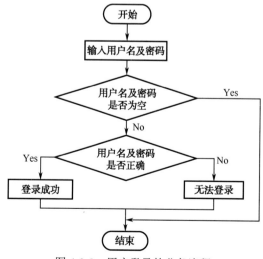

图 4-3-2　用户登录的业务流程

实现过程

步骤一： 新建登录窗体文件 FrmLogin.cs。

步骤二： 为窗体添加控件。

利用"工具箱"面板向登录窗体中添加用于显示文本的标签（Label）、进行用户输入的文本框（TextBox）和按钮（Button）及用于显示图片的控件（PictureBox）等，"用户登录"窗体布局如图 4-3-3 所示。向窗体添加控件的方法有两种：一种是选中控件，按下鼠标左键将其拖放至窗体；另一种是先双击工具箱中的控件，再到窗体中将控件放至合适的位置。添加控件后，可以用鼠标拖放控件周围的八个小方块调整窗体大小。

图 4-3-3 "用户登录"窗体布局

步骤三： 设置控件相关属性。

属性是指控件的各种性质、特征。设置属性的值，就是改变控件对象的某些特征。实际应用中，大多数属性都采用系统提供的默认值，不需要一一设置。根据任务需求，"用户登录"窗体的控件属性设置如表 4-3-1 所示。其中，用于输入密码的文本框必须设置 PassWordChar 属性，输入密码时，用特殊符号来隐藏密码，提高安全性。

表 4-3-1 "用户登录"窗体的控件属性设置

控 件 类 型	控 件 说 明	属　　性	属 性 值
Label	显示窗体文本	（Name）	lblUserName
		Text	用户名
	显示窗体文本	（Name）	lblPassword
		Text	密码
	显示登录结果	（Name）	lblMessage
		Text	（清空）
		ForeColor	Blue
TextBox	输入用户名	（Name）	txtUserName
		Text	（清空）
	输入密码	（Name）	txtPassword
		Text	（清空）
		PassWordChar	*

续表

控件类型	控件说明	属　　性	属　性　值
Button	登录按钮	（Name）	btnLogin
		Text	登录
	重置按钮	（Name）	btnClear
		Text	重置
PictureBox	图片框	Image	login.jpg
		SizeMode	StretchImage

在表 4-3-1 中，各控件 Name 属性的值（控件名）建议按照一定的规则进行设置，一般采用"控件名简写+英文描述"的形式设置。各类控件的控件名简写可以参照本任务中的表 4-3-3 进行。

除了可以在"属性"面板设置 PictureBox 控件的 Image 属性，还可以通过单击图片框右上角的▶按钮进行设置。在弹出的任务列表中点击"选择图像…"链接，在"选择资源"对话框中导入要显示的图片文件，如图 4-3-4 所示。

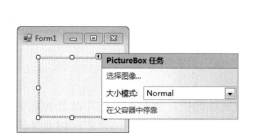

图 4-3-4　选择图片文件

步骤四：添加按钮的 Click 事件代码。

在窗体设计器中双击"登录"按钮控件，FrmLogin.cs 文件中将自动添加该控件的 Click 事件响应方法的声明，在方法内部添加如下代码：

```
1.   private void btnLogin_Click(object sender, EventArgs e)
2.   {
3.       string   username= txtUserName.Text;
4.       string   password= txtPassword.Text;
5.       if(username==""||password == "")
6.       {
7.           lblMessage.Text = "请输入用户名或密码!";
8.           return;
9.       }
10.      if(username=="Tomy"&&password == "A!W@b3m4")
11.      {
12.          lblMessage.Text = "登录成功!";
13.      }
14.      else
15.      {
16.          lblMessage.Text = "用户名或密码错误!";
```

17.　　}
18. }

【代码解读】

第 3、4 行：读取文本框中的用户名与密码。

第 5～9 行：判断用户是否输入了用户名与密码。

第 10～17 行：判断用户名与密码的正确性，在标签 lblMessage 中显示登录结果。

同样，在"重置"按钮的 Click 事件响应方法中添加代码：

```
19. private void btnClear_Click(object sender, EventArgs e)
20. {
21.     txtUserName.Text = "";
22.     txtPassword.Text = "";
23.     lblMessage.Text= "";
24.     txtUserName.Focus();
25. }
```

重置的作用是回到起始状态，这不仅要清空文本框中的数据，为了用户输入方便，还要将光标停留在用户名文本框中，使其处于获得焦点状态。

【代码解读】

第 21～23 行：清除文本框和标签中的文本。

第 24 行：为文本框 txtUserName 设置焦点，光标将停留在文本框中，关于控件焦点的知识，将在本任务的"拓展学习"中介绍。

以上代码中出现的如 txtUserName.Text 形式的代码，表示的是访问控件 txtUserName 的 Text 属性，控件名和属性名之间用成员访问符（.）连接，其他控件的属性访问方法类似。"username=txtUserName.Text"表示读取文本框控件 txtUserName 的 Text 属性，而"lblMessage.Text = "登录成功!";"表示设置标签控件 lblMessage 的 Text 属性。

步骤五：保存并运行程序。

保存程序，单击工具栏中的 ▶启动按钮或按"F5"键运行程序，效果如图 4-3-1 所示。

 技术要点

❯ **1. 控件的概念**

控件（Control）是被包含在窗体中的可视组件的统称。Windows 应用程序的界面主要由控件构成，在与用户交互的过程中，控件起着举足轻重的作用。

在.NET 框架中，窗体与控件的本质都是类，这些用于创建 Windows 应用程序的类都处于 System.Windows.Form 命名空间中。根据控件功能的不同，可将控件分成不同的类别；为了使用的方便，它们各自分布在"工具箱"面板对应的选项列表中，如公共控件、容器控件、菜单和工具栏控件、数据控件、对话框控件等。

❯ **2. 控件通用属性**

虽然每个控件都有一组属性，但有些属性是大多数控件所共有的，表 4-3-2 列出了这些通用属性的一部分。

表 4-3-2　控件部分通用属性

属　　性	说　　明
Name	控件名称
Text	设置控件中显示的文本
Width	设置控件的宽度
Height	设置控件的高度
ForeColor	设置控件的前景色
BackColor	设置控件的背景色
Font	设置控件上文字的字体、字号等属性
Enabled	设置控件的可用性
Visible	设置控件的可见性

3. 控件命名规则

在开发过程中，常常采用"控件名简写+英文描述"的方法来命名控件，其中"英文描述"部分首字母大写，如 txtAge，btnExit 等。这样的命名方式清晰准确，让人一目了然。表 4-3-3 为部分常用控件名简写对照表。

表 4-3-3　部分常用控件名简写对照表

控 件 名	简 写	控 件 名	简 写
Label	lbl	RichTextBox	rtx
Button	btn	DateTimePicker	dtp
TextBox	txt	MonthCalendar	cdr
RadioButton	rdo	WebBrowser	wbs
CheckBox	chk	ToolTip	tip
ListBox	lst	GroupBox	grp
ListView	lvw	Panel	pnl
ComboBox	cmb	TabControl	tab
PictureBox	pic	DataSet	dts
TreeView	tvw	DataGridView	dgv

4. Label（标签）、TextBox（文本框）、Button（按钮）控件

（1）Label 控件。

Label 控件是最简单、最常用的控件。它在"工具箱"面板中的图标是 **A** Label 。标签控件用来显示静态文字，这些文字通常为其他控件作指示性说明或者用于输出信息，不能直接在标签控件上被用户编辑修改。Label 控件的常见属性如表 4-3-4 所示。

表 4-3-4   Label 控件的常见属性

属　性	说　明
Name	控件的名称
Text	控件中显示的文本
AutoSize	控件是否能自动调整大小以显示 Text 属性中的所有内容
Location	标签控件的位置
ForeColor	标签控件的前景色
BackColor	标签控件的背景色
Font	控件上文字的字体、字号等属性
Visible	标签控件是否可见

既可以通过"属性"面板设置标签控件的属性，也可以用代码设置标签控件的属性。下面的代码实现了对标签控件各属性的设置，运行结果如图 4-3-5 所示。

```
lblTitle.Text = "标签控件的使用";
lblTitle.ForeColor = Color.Yellow;
lblTitle.BackColor = Color.Blue;
lblTitle.Font = new Font("黑体",20,FontStyle.Bold);
```

（2）TextBox 控件。

TextBox 控件用于获取用户输入或显示文本。它的图标是 ▦　**TextBox**　，它也是最常用的控件之一。

TextBox 控件就是一个小型的编辑器，它提供了所有基本的文字处理功能，如文本的插入、选择及复制等。文本框可输入单行或多行文本，也可以充当密码输入框，功能十分强大，图 4-3-6 显示了文本框的 3 种模式。

图 4-3-5   标签控件的使用　　图 4-3-6   文本框的 3 种模式

TextBox 控件的常见属性如表 4-3-5 所示。

表 4-3-5   TextBox 控件的常见属性

属　性	说　明
Name	控件的名称
Text	获取或设置文本框控件中显示的文本
Multiline	设置文本框是否可以多行显示或输入
ScrollBars	设置文本框的滚动条（水平和垂直）

续表

属　性	说　明
ReadOnly	设置文本框是否只读
PasswordChar	设置在文本框中输入密码时的隐藏字符
MaxLength	指定在文本框中可以输入的最大字符数
TextLength	获取控件中文本的长度
WordWrap	确定多行文本框控件在必要时是否自动换行

Text 属性是 TextBox 控件最重要的属性。默认情况下，最多可在一个文本框中输入 32767 个字符。如果将 MultiLine 属性设置为 true，则最多可输入大小为 32KB 的文本。

下面的代码说明了 TextBox 控件属性的设置方法。

```
txtCsharp.Text = "Visual C#";          //设置 txtCsharp 的文本内容
txtCsharp.MaxLength = 100;             //设置 txtCsharp 中最多接收 100 个字符
txtCsharp.PasswordChar = "*";          //设置 txtCsharp 的密码隐藏字符为*
```

文本框的常用事件是 TextChanged 事件和 KeyPress 事件，一旦文本框中的文本被改变，就会触发它的 TextChanged 事件，该事件也是默认事件。示例 4.3.1 说明了文本框的 TextChanged 事件的使用情况，其示例如图 4-3-7 所示。

示例 4.3.1： 文本框的 TextChanged 事件。

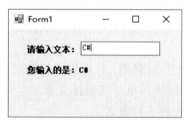

图 4-3-7　TexChanged 事件示例

```
1. private void txtInput_TextChanged(object sender, EventArgs e)
2. {
3.     lblInput.Text = txtInput.Text;
4. }
```

某些情况下，用户在文本框中只能输入规定的字符，比如数字。这通过文本框的 KeyPress 事件对用户输入的数据进行判断即可实现。示例 4.3.2 是 KeyPress 事件的具体实现方法，图 4-3-8 是 KeyPress 事件示例。

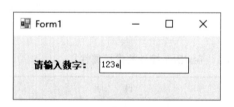 

图 4-3-8　KeyPress 事件示例

示例 4.3.2： 判断文本框中的文本是否是数字。

```
1. private void txtInput_KeyPress(object sender,KeyPressEventArgs e)
2. {
```

```
3.      if(e.KeyChar!=8&&!char.IsDigit(e.KeyChar)) //判断是否是数字
4.      {
5.          //使用消息框给出提示
6.          MessageBox.Show("只能输入数字","提示",
7.          MessageBoxButtons.OK,MessageBoxIcon.Information);
8.          e.Handled = true;
9.      }
10. }
```

（3）Button 控件。

Button 控件几乎存在于所有的窗体中，常常被用来启动、中断或结束一个进程。它的图标是 ⏺ Button 。Button 控件允许用户通过单击来执行操作，当鼠标单击某按钮时，就会触发该按钮的 Click 事件，Click 事件过程代码会指定按钮的功能。Click 事件是 Button 控件的默认事件。

Button 控件的常见属性如表 4-3-6 所示。

表 4-3-6　Button 控件的常见属性

属　性	说　明
Name	按钮控件的名称
Text	获取或设置按钮控件中显示的文本
Enabled	设置按钮是否可用
Image	设置按钮上要显示的图片
ImageAlign	设置按钮中图片的对齐方式
FlatStyle	设置按钮的外观风格，该属性值可通过枚举定义，如表 4-3-7 所示

表 4-3-7　FlatStyle 属性的枚举值

枚　举　值	说　明	外　观
Flat	平面显示	登录
Standard	Windows 标准三维效果显示（默认）	登录
Popup	鼠标在按钮上以 Flat 形式显示，否则以 Standand 形式显示	登录
System	控件外观由操作系统决定	—

▶5. PictureBox（图片框）控件

PictureBox 控件主要用于显示图形或图片，它的图标是 ⊠ PictureBox 。大多数 Windows 应用程序都会用到 PictureBox 控件，它的加入会使界面更加生动形象、丰富多彩。PictureBox 控件具有包括位图（bmp）、图标（ico）、gif 等格式在内的多种图形文件，它还可以使用 GDI+（Graphics Device Interface Plus，图形设备接口）在图片框中绘制图片。

PictureBox 控件的常见属性如表 4-3-8 所示。

表 4-3-8　PictureBox 控件的常见属性

属　　性	说　　明
Name	图片框控件的名称
Image	设置图片框中要显示的位图文件
SizeMode	设置图片的显示方式，该属性有多个枚举值，如表 4-3-9 所示

　　我们既可以在设计阶段通过 Image 属性向 PictureBox 控件添加图片，也可以在运行阶段加载图片。在程序运行阶段动态加载图片，可以使用下面的语句：

　　pictureBox1.Image=Image.FromFile(@"C:\logo.jpg");

　　这里，FromFile 方法中的参数是图片的存储路径，@"C:\logo.jpg"这样的写法是为了对特殊字符不转义，如@"C:\test.txt"和"C:\\test.txt"等效。用户也可以将图片保存在项目指定的目录下，调用 FromFile 方法时只需提供相对路径。如果要清除图片，可使用如下语句：

　　pictureBox1.Image=null;

　　SizeMode 也是图片框控件的重要属性，该属性用来设置图片的位置和控件的大小。SizeMode 属性值有多个可选项，其通过枚举定义，如表 4-3-9 所示。

表 4-3-9　SizeMode 属性的枚举值

枚　举　值	说　　明	设　置　效　果
Normal	将图片置于图片框的左上角，多出部分将被截去	
StretchImage	图像被拉伸或收缩后适应图片框的大小	
AutoSize	调整图片框大小，使其等于图片的原始大小	
CenterImage	将图片居中显示，多出的部分将被截去	

▶ 6. 深入了解 Windows 事件驱动机制

　　一些操作会触发控件的某个事件，如鼠标单击按钮会触发按钮的 Click 事件，以及在文本框输入文本时会触发文本框的 TextChanged 事件等。所谓事件就是定义用户与 Windows 应用程序进行交互时产生的各种操作。事件驱动就是程序为响应一个事件而进行的处理过程。"工具箱"面板中的每个控件对象，包括窗体，都有一系列预定义的事件，事件可由用户、系统事件或应用程序代码触发。事件发生后将自动执行对应的事件过程代码，进行 Windows 应用程序设计的主要任务，就是编写事件过程的程序代码。

◉ 1. 控件焦点

在"用户登录"窗体的"重置"功能中，用"txtUserName.Focus();"语句设置焦点，这样做的好处是使光标停留在文本框内，为再次输入提供方便。那么，什么是焦点呢？

当程序运行时，焦点会使窗体或窗体中的控件对象成为用户当前的操作对象。当对象具有焦点时，才能接收用户的输入。程序运行时，窗体上有且只有一个是目前用户选择的控件，那么该控件就具有了焦点。当一个控件获得焦点时，它就可以响应用户对它的操作，按"Enter"键和在焦点处单击鼠标左键可以得到相同的响应。

可以通过下面 3 种方法使控件获得焦点。

（1）程序运行时用鼠标选择控件。

（2）程序运行时用键盘选择控件。

（3）程序设计时在代码中使用 Focus 方法。

在代码中使用对象的 Focus 方法获得焦点的语法格式为：

对象名.Focus();

不是每种控件都能得到焦点，如 Label 控件，由于它只显示文本，而不能由用户对其进行编辑操作，所以 Label 控件就不具有焦点。不具有焦点的控件还有框架、定时器等。不同控件获得焦点时的表现方式也不相同。例如，当按钮具有焦点时，按钮标题周围的边框将凸出显示；当文本框获得焦点时，文本框中会出现一个闪烁的光标。具有焦点的按钮和文本框如图 4-3-9 所示。

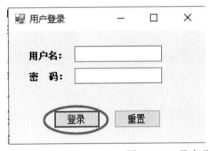

图 4-3-9　具有焦点的按钮和文本框

只用鼠标切换对象焦点会很不方便。通常利用"Tab"键使对象按指定的顺序获得焦点，这就是所谓的"Tab 键顺序"。

可以使用 TabIndex 和 TabStop 两个属性来指定对象的 Tab 键顺序。通常情况下，Tab 键顺序与窗体创建对象的顺序一致。

（1）TabIndex 属性。

该属性用来设置对象的 Tab 键顺序。在默认情况下，第一个被创建控件的 TabIndex 属性取值为 0，第二个被创建控件的 TabIndex 属性取值为 1，依次类推。在程序运行时，焦点默认位于 TabIndex 属性取值最小的控件上。当按下"Tab"键时，焦点按对象 TabIndex 属性值的顺序切换。

（2）TabStop 属性。

该属性的作用是决定用户是否可以使用"Tab"键来使对象具有焦点。当一个对象的

TabStop 属性取值为 true（默认）时，使用"Tab"键可以使该对象具有焦点；若它取值为 false，则跳过该对象，即不能使用"Tab"键使该对象具有焦点。

2. 控件默认事件

所谓默认事件，即使用频率最高、最常用到的事件。只要对控件进行双击操作，就可以进入控件的默认事件。

Load 事件是窗体的默认事件，可以采用双击窗体的方式进入事件响应方法的编辑界面；Click 事件是按钮的默认事件，可以双击按钮进入事件响应方法的编辑界面；如果需要在其他事件过程中编写代码，则在"属性"面板的事件列表中进行选择。

训练任务

（1）为本任务设计的"用户登录"窗体添加一项新功能：当用户输入了错误的用户名或密码后，立即清空文本框，并使"用户名"文本框获得焦点；当用户登录失败三次后，显示"您的登录次数已超过三次"的提示信息，并禁用"登录"按钮。

（2）在"学生社团管理系统"项目中创建"修改密码"窗体，如图 4-3-10 所示。当原用户名和密码正确（假设原用户名为 Tomy，原密码为 A!W@b3m4）且两次输入的新密码一致时，窗体上显示"密码修改成功"，否则显示出错信息。新密码的长度范围必须为 6～10 位。

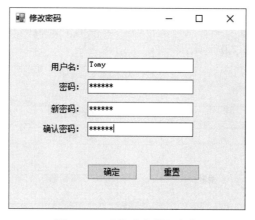

图 4-3-10 "修改密码"窗体

任务 4.4   社员信息管理窗体设计

本任务将创建"社员信息管理"窗体，用户可对社员信息进行浏览、添加、修改、删除等多种操作；添加新社员时，可以在窗体各控件中获取数据并显示在窗体右侧；逐个单击窗体右侧成员列表项浏览社员信息，界面如图 4-4-1 所示。

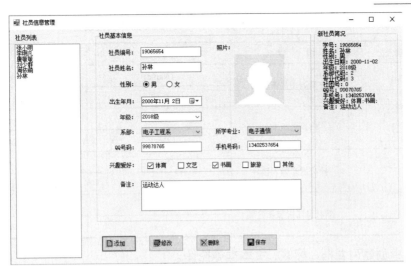

图 4-4-1 "社员信息管理"窗体

任务分析

在如图 4-4-1 所示的"社员信息管理"窗体中，列表框控件能够实现罗列社员姓名功能，文本框控件可以输入或显示社员姓名、手机号码等信息，组合框控件可以用于年级、系部、所学专业的选择，单选按钮、复选框等控件用于选择社员性别、兴趣爱好等，图片框控件可以用于显示社员的照片。这些控件的使用能使用户输入更加方便、快捷，同时提高数据格式的规范性。

实现过程

准备工作： 在当前项目的 bin/Debug 路径下存储社员照片若干。

步骤一： 新建窗体。

在 WindowsForms 项目中，新建"社员信息管理"窗体文件 FrmClubMemberManage.cs。

步骤二： 设计窗体布局，在窗体中添加 GroupBox、Panel 等容器控件。

（1）根据窗体功能，进行窗体布局设计，窗体布局如图 4-4-2 所示。

（2）从"工具箱"面板的"容器"控件列表中拖放两个 Panel 控件和两个 GroupBox 控件至窗体中，如图 4-4-3 所示，并将其按表 4-4-1 进行属性设置。

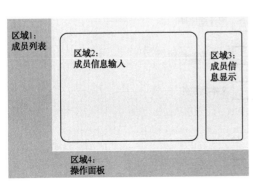

图 4-4-2 窗体布局

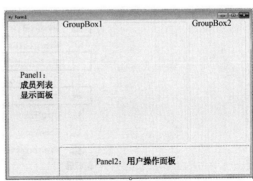

图 4-4-3 窗体中的容器控件

表 4-4-1　Panel 控件和 GroupBox 控件属性设置

控 件 类 型	控 件 说 明	属　　性	属 性 值
Panel	社员列表显示面板	(Name)	pnlMemberList
		Dock	Left
	用户操作面板	(Name)	pnlOperate
		Dock	Bottom
GroupBox	社员信息输入区域	(Name)	grpInput
		Text	社员基本信息
	新社员简况显示区域	(Name)	grpInfor
		Text	新社员简况

步骤三： 创建列表框、标签、文本框等控件。

在容器控件中创建 Label（标签）、TextBox（文本框）、RadioButton（单选按钮）、CheckBox（复选框）、ListBox（列表框）、ComboBox（组合框）、PictureBox（图片框）等控件，如图 4-4-4 所示；接着，按照表 4-4-2 设置控件的属性，此表略去了大部分的标签控件。

126

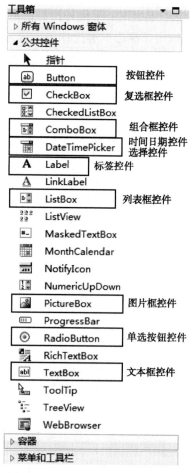

图 4-4-4　"工具箱"面板中的控件

表 4-4-2 "社员信息管理"窗体主要控件属性设置

控 件 类 型	控 件 说 明	属　性	属　性　值
TextBox	输入社员编号	(Name)	txtMemberID
		Text	（清空）
	输入社员姓名	(Name)	txtName
		Text	（清空）
	输入 QQ 号码	(Name)	txtQQ
		Text	（清空）
	输入手机号码	(Name)	txtPhone
		Text	（清空）
	输入备注	(Name)	txtMemo
		Text	（清空）
		Multiline	true
PictureBox	显示照片	(Name)	picPicture
		Image	bin/Debug/nopic.jpg
		SizeMode	StretchImage
RadioButton	选择性别	(Name)	rdoBoy
		Text	男
		Checked	true
		(Name)	rdoGirl
		Text	女
		Checked	false
CheckBox	选择兴趣爱好	(Name)	chkSports
		Text	体育
		Checked	true
		(Name)	chkLiterature
		Text	文艺
		Checked	false
		...	...
ComboBox	选择年级	(Name)	cmbGrade
		Items	17 级，18 级，19 级
	选择系部	(Name)	cmbDepartment
		DropDownStyle	DropDownList
	选择专业	(Name)	cmbProfession
		DropDownStyle	DropDownList
DateTimePicker	选择出生年月	(Name)	dtpBirthday
ListBox	显示社员列表	(Name)	lstMemberList

续表

控 件 类 型	控 件 说 明	属 性	属 性 值
Button	"添加"按钮	(Name)	btnAdd
		Image	add.ico
		Text	添加
		TextImageRelation	ImageBeforeText
	"修改"按钮	(Name)	btnUpdate
		Image	update.ico
		Text	修改
		TextImageRelation	ImageBeforeText
	"删除"按钮	(Name)	btnDelete
		Image	delete.ico
		Text	删除
		TextImageRelation	ImageBeforeText
	"保存"按钮	(Name)	btnSave
		Image	save.ico
		Text	保存
		TextImageRelation	ImageBeforeText
Label	显示新社员简况	(Name)	lblMessage
		Text	（清空）

以组合框控件 cmbGrade 为例，这里介绍组合框控件选项（Items）属性的设置方法。选中控件，在"属性"面板中选择"Items"属性，单击 按钮或者单击"编辑项"链接，在"字符串集合编辑器"对话框内输入文本，如图 4-4-5 所示。

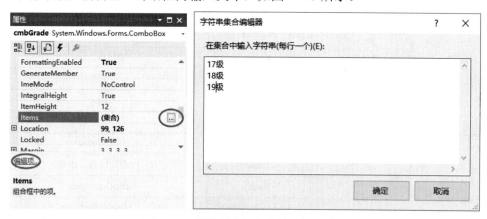

图 4-4-5　设置组合框控件的 Items 属性

步骤四：添加窗体的 Load 事件代码，在列表框中显示社员列表。

双击"社员信息管理"窗体，进入窗体的 Load 事件响应方法编辑界面，在方法内添加代码：

```
1.  private void FrmClubMemberManage_Load(object sender, EventArgs e)
2.  {
```

```
3.    ClubMember cm1 = new ClubMember("18623405", "张小明",
      "男",Convert.ToDateTime("2001-4-8"), "2018", 2, 3, 1, "3456543000", "13876765456",
      "zxm.jpg", "体育", "一级运动员");
4.    ClubMember cm2 = new ClubMember("17451832", "李明凡",
      "男", Convert.ToDateTime("2000-5-2"), "2017", 2, 4, 1, "1234377898", "15151367665",
      "lmf.jpg", "文艺", "热爱音乐");
5.    ClubMember cm3 = new ClubMember("19223315", "唐敏敏",
      "女",Convert.ToDateTime("2001-6-13"), "2019", 1, 2, 3, "1988797677", "13266577888",
      "tmm.jpg", "文艺;旅游", "文艺青年");
6.    ClubMember cm4 = new ClubMember("18623405", "刘少群",
      "男", Convert.ToDateTime("2000-2-18"), "2018", 2, 3, 2, "8898630884","13832098522",
      "lsq.jpg", "体育;文艺", "学生干部");
7.    ClubMember cm5 = new ClubMember("18602108", "周依萌",
      "女", Convert.ToDateTime("2000-10-8"), "2018", 3, 5, 4, "3209986665", "15088676521",
      "zym.jpg", "书画;文艺", "文学社社长");
8.    lstMemberList.Items.Add(cm1);
9.    lstMemberList.Items.Add(cm2);
10.   lstMemberList.Items.Add(cm3);
11.   lstMemberList.Items.Add(cm4);
12.   lstMemberList.Items.Add(cm5);
13.   lstMemberList.DisplayMember="Name";    //指定在列表框内显示的属性
14.
15.   //绑定 cmbDepartment 选项
16.   Department[] deptArray = new Department[3];
17.   deptArray[0] = new Department(1, "信息工程系");
18.   deptArray[1] = new Department(2, "电子工程系");
19.   deptArray[2] = new Department(3, "机电工程系");
20.   cmbDepartment.DataSource = deptArrayt;
21.   cmbDepartment.DisplayMember = "DepartmentName";
22.   cmbDepartment.ValueMember = "DepartmentID";
23.
24.   //绑定 cmbProfession 选项
25.   Profession[] professionArray = new Profession[6];
26.   professionArray[0] = new Profession(1, 1, "软件技术");
27.   professionArray[1] = new Profession(2, 1, "网络技术");
28.   professionArray[2] = new Profession(3, 2, "电子通信");
29.   professionArray[3] = new Profession(4, 2, "通信工程");
30.   professionArray[4] = new Profession(5, 3, "机电一体化");
31.   professionArray[5] = new Profession(6, 3, "精密技术");
32.   cmbProfession.DataSource = professionArray;
33.   cmbProfession.DisplayMember = "ProfessionName";
34.   cmbProfession.ValueMember = "ProfessionID";
35. }
```

【代码解读】

第 3～7 行：创建 5 个社员对象并初始化。

第 8～12 行：将对象添加至列表框 Items 集合中。

第 16～19 行：创建 Department 对象数组。

第 20～22 行：将 Department 对象数组作为数据源绑定 cmbDepartment 控件，并指定在控件中用于显示的属性。第 25～34 行代码类似。

步骤五：为"添加"按钮编写 Click 事件代码，在标签中显示新社员的主要信息。

（1）在 ClubMember 类中添加 GetInfo 方法，代码如下：

```csharp
1.  public class ClubMember :Student
2.  {
3.      ...
4.      public string GetInfo()
5.      {
6.          string info = "学号：" + this.StudentID + "\n";
7.          info += "姓名：" + this.Name + "\n";
8.          info += "性别：" + this.Sex + "\n";
9.          info += "出生日期：" + this.Birthday.ToShortDateString() + "\n";
10.         info += "年级：" + this.Grade + "\n";
11.         info += "系部代码：" + this.DepartmentID + "\n";
12.         info += "专业代码：" + this.ProfessionID + "\n";
13.         info += "社团号：" + this.ClubID + "\n";
14.         info += "QQ 号：" + this.QQ + "\n";
15.         info += "手机号：" + this.Phone + "\n";
16.         info += "兴趣爱好：" + this.Hobby + "\n";
17.         info += "备注：" + this.Memo + "\n";
18.         return info;
19.     }
20. }
```

（2）双击"社员信息管理"窗体中的"添加"按钮，进入按钮的 Click 事件响应方法 btnAdd_Click 的代码编辑界面，添加如下代码：

```csharp
1.  private void btnAdd_Click(object sender, EventArgs e)
2.  {
3.      string studentid = txtMemberID.Text;
4.      string name = txtName.Text;
5.      string sex = "";
6.      if (rdoBoy.Checked)  { sex = "男"; }  else{ sex = "女"; }
7.      DateTime birthday = dtpBirthday.Value;
8.      string grade = cmbGrade.Text;
9.      int departmentid =Convert.ToInt32(cmbDepartment.SelectedValue) ;
10.     int professionid = Convert.ToInt32(cmbProfession.SelectedValue);
11.     int clubid = 0;      //社团编号暂且设置为 0，其将在后续章节中完善
12.     string pic="nopic.jpg";      //照片暂且不设置
13.     string qq = txtQQ.Text;
14.     string phone = txtPhone.Text;
15.     string memo = txtMemo.Text;
16.     string hobbies ="";
17.     if (chkSports.Checked)    {   hobbies += chkSports.Text + ";";      }
18.     if (chkLiterature.Checked)  {   hobbies += chkLiterature.Text + ";";   }
19.     if (chkTravel.Checked)    {   hobbies += chkTravel.Text + ";";      }
20.     if (chkDrawing.Checked)   {   hobbies += chkDrawing.Text + ";";     }
```

```
21.        if (chkOthers.Checked)        {    hobbies += chkOthers.Text + ";";        }
22.        ClubMember cm = new ClubMember(studentid,name,sex,birthday,grade,
           departmentid,professionid,clubid,qq,phone,pic,hobbies,memo);
23.        lblMessage.Text = cm.GetInfo();
24.        lstMemberList.Items.Add(cm);
25. }
```

【代码解读】

第 6 行：获取性别，通过单选按钮控件的 Checked 属性进行判断。

第 17～21 行：获取兴趣爱好，通过复选框控件的 Checked 属性判断，每项之间用分号间隔。

第 23 行：调用 GetInfo 方法将用户输入的新社员信息显示在标签 lblMessage 中。

步骤六： 为 ListBox 控件 lstMemberList 编写 SelectedIndexChanged 事件响应方法代码：

```
1.  private void lstMemberList_SelectedIndexChanged(object sender, EventArgs e)
2.  {
3.      if (lstMemberList.SelectedIndex!=-1)    //保证有选项被选中
4.      {
5.          ClubMember cm = (ClubMember)lstMemberList.SelectedItem;
6.          txtMemberID.Text = cm.StudentID;
7.          txtName.Text = cm.Name;
8.          if (cm.Sex == "男") { rdoBoy.Checked = true; } else { rdoGirl.Checked = true; }
9.          dtpBirthday.Value = cm.Birthday;
10.         if (cm.Pic != "")
11.         {
12.             picPicture.Image = Image.FromFile(cm.Pic);
13.         }
14.         else
15.         {
16.             picPicture.Image = Image.FromFile("nopic.jpg");
17.         }
18.         cmbGrade.Text = cm.Grade;
19.         cmbDepartment.SelectedValue =cm.DepartmentID;
20.         cmbProfession.SelectedValue =cm.ProfessionID;
21.         txtQQ.Text = cm.QQ;
22.         txtPhone.Text = cm.Phone;
23.         txtMemo.Text = cm.Memo;
24.         chkSports.Checked = false;
25.         chkLiterature.Checked = false;
26.         chkTravel.Checked = false;
27.         chkDrawing.Checked = false;
28.         chkOthers.Checked = false;
29.         string[] hobbies = cm.Hobby.Split(';');
30.         foreach(string h in hobbies)
31.         {
32.             switch(h)
33.             {
34.                 case "体育": chkSports.Checked = true; break;
```

```
35.                 case "文艺": chkLiterature.Checked = true; break;
36.                 case "书画": chkDrawing.Checked = true; break;
37.                 case "旅游": chkTravel.Checked = true; break;
38.                 case "其他": chkOthers.Checked = true; break;
39.              }
40.           }
41.        txtMemo.Text = cm.Memo;
42.     }
43. }
```

步骤七：为"删除"按钮添加 Click 事件代码。

```
1. private void btnDel_Click(object sender, EventArgs e)
2. {
3.     if (lstMemberList.SelectedIndex != -1)
4.     {
5.         lstMemberList.Items.Remove(lstMemberList.SelectedItem);
6.         lstMemberList.SelectedIndex = 0;
7.     }
8. }
```

步骤八：保存并运行程序。

保存程序，单击工具栏中的 ▶ 启动按钮，或按"F5"键运行程序，部分效果如图 4-4-1 所示，至此完成了任务 4.4。

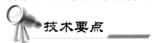技术要点

❯ 1. 容器类控件

在本任务中，"社员信息管理"窗体包含了信息输入、列表、删除等较多功能，势必需要很多控件。窗体中的控件较多会让界面显得凌乱，既影响美观，又不方便使用。如何才能对窗体进行快速布局，很好地进行功能区域的划分呢？此时，诸如 Panel、GroupBox 等容器类控件必不可少。

顾名思义，容器类控件指的是可以容纳其他控件的控件，就像盛饭的碗、盛水的缸一样。一方面，容器类控件可以对控件进行分区、分组，以使用户界面更加整洁清晰；另一方面，放入容器中的控件可以看作一个整体，它们可以整体移动、删除、隐藏或者对控件的公用属性进行整体设置，这给开发人员带来了极大的方便。下面具体介绍 Panel 和 GroupBox 这两个最常用的容器控件。

（1）Panel 控件。

Panel 控件可以对窗体上的控件按照功能进行分组，使用户界面更加友好。Panel 控件没有设置标题的属性，如 Text，但可以有显示滚动条的属性。Panel 控件的常用属性如表 4-4-3 所示。

表 4-4-3　Panel 控件的常用属性

属　　性	说　　明
BackColor	设置控件的背景色
BackGroudImage	设置控件的背景图片

续表

属　性	说　明
AutoScroll	当容器内的控件超出 Panel 控件范围时，确定是否显示滚动条
BorderStyle	设置控件边框类型

需要注意，一旦设置了 Pannel 控件的 BackColor 属性，其所包含的控件背景颜色也将变成相同的颜色；Pannel 控件的 ForeColor 属性也一样。此外，如果在 Panel 控件中设置了 BackColor 属性和背景图片，那么背景颜色将无效。

（2）GroupBox 控件。

GroupBox 控件类似于 Panel 控件，其属性与 Panel 控件的绝大部分属性相同，这里不再赘述。两者的区别在于：GroupBox 控件没有 AutoScroll 属性，放入其中的控件数目受边界范围的限制，而 Panel 控件没有设置标题的 Text 属性。在实际应用中可根据 GroupBox 和 Panel 控件的特点灵活使用。

2. 选择类控件

在 Windows 应用程序中，有两种常用选择类控件，它们是 RadioButton（单选按钮）和 CheckBox（复选框）控件，其示例如图 4-4-6 所示。

（1）RadioButton（单选按钮）控件。

单选按钮是为用户提供选项的控件，它的图标是 ⊙ RadioButton 。一组单选按钮可以提供互斥的选项，用户只能从中选择一项，被选中选项的左侧圆圈中出现小圆点，示例如图 4-4-7 所示。当需要对单选按钮分组时，必须使用 GroupBox 或 Panel 容器控件。

图 4-4-6　RadioButton 与 CheckBox 控件示例　　图 4-4-7　RadioButton 控件使用示例

RadioButton 控件的常见属性如表 4-4-4 所示。

表 4-4-4　RadioButton 控件的常见属性

属　性	说　明
Text	设置控件显示的文本
Checked	指示单选按钮是否被选中，true 为被选中，false 为未被选中

RadioButton 控件的事件主要有 Click 和 CheckedChanged。单击某个 RadioButton 控件会触发其 Click 事件。当 RadioButton 控件的 Checked 属性值发生变化时，会触发 CheckedChanged 事件。如果两个事件同时存在，先触发 CheckedChanged 事件，再触发 Click 事件。示例 4.4.1 演示了 RadioButton 控件的使用方法。

示例 4.4.1：RadioButton 控件的使用。

如图 4-4-7 所示，将三个 RadioButton 控件放置于 GroupBox 容器控件中，向其中一个 RadioButton 控件的 Click 事件代码中添加代码，并将其他两个 RadioButton 控件的 Click 事件方法也设置为 rdoButton_Click，即共用同一个事件方法，代码如下。

```
1.  private void rdoButton_Click(object sender, EventArgs e)
2.  {
3.      if (rdoJava.Checked)
4.      {
5.          lblLanguage.Text = rdoJava.Text;
6.      }
7.      else   if (rdoCSharp.Checked)
8.      {
9.          lblLanguage.Text = rdoCSharp.Text;
10.     }
11.     else
12.     {
13.         lblLanguage.Text = rdoVB.Text;
14.     }
15. }
```

（2）CheckBox（复选框）控件。

CheckBox 是复选框控件，它的图标是 ☑ CheckBox，可利用复选框列出选项，用户采用鼠标勾选的方式进行选择。它与单选按钮的区别在于：单选按钮的选项之间是互斥的，而复选框则允许用户根据需要选择一项或多项。

CheckBox 控件的常见属性如表 4-4-5 所示。

表 4-4-5　CheckBox 控件的常见属性

属　　性	说　　明
Text	设置控件显示的文本
Checked	指示复选框是否被选中，true 为被选中，false 为未被选中
CheckState	指示控件的状态，Checked 为选中，UnChecked 为未选中，Indeterminate 为不确定

与 RadioButton 控件类似，CheckBox 控件的编程方法也比较简单，即用条件语句判断每个 CheckBox 控件的 Check 属性值，若值为 true 则表示用户选择了该项。

CheckBox 控件的常用事件也是 Click 事件和 CheckedChanged 事件，默认事件为 CheckedChanged。示例 4.4.2 是通过复选框来设置字体风格的。

示例 4.4.2： CheckBox 控件的使用。

在窗体中创建一个 TextBox 控件、一个 GroupBox 控件及三个用于设置文本框字体风格的 CheckBox 控件，CheckBox 控件使用示例如图 4-4-8 所示。在其中一个 CheckBox 控件的 Click 事件中添加代码，并将其他两个 CheckBox 控件的 Click 事件方法也设置为 CheckBox_Click，代码如下：

```
1.  private void CheckBox_Click(object sender, EventArgs e)
2.  {
3.      FontStyle style = FontStyle.Regular;
4.      if (chkBold.Checked)
5.      {
```

```
6.              style |= FontStyle.Bold;
7.         }
8.         if (chkItalic.Checked)
9.         {
10.             style |= FontStyle.Italic;
11.         }
12.        if (chkUnderLine.Checked)
13.        {
14.             style |= FontStyle.Underline;
15.        }
16.        txtDemo.Font = new Font(txtDemo.Font.FontFamily, txtDemo.Font.Size,style);
17. }
```

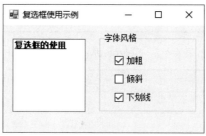

图 4-4-8　CheckBox 控件使用示例

【代码解读】

第 3 行：设置 FontStyle 类型变量 style，并赋初值为枚举值 FontStyle.Regular，即普通文本。

第 4～15 行：判断每个 CheckBox 控件的 Checked 属性值，设置变量 style 的值。这里使用运算符"|"实现字体风格的叠加。

第 16 行：使用当前的 style 变量值，为文本框中的文本设置 Font 字体属性。

3. 列表类控件

在"社员信息管理"窗体左侧，ListBox 控件用于显示社员列表。在"社员基本信息"区域，用到了多个 ComboBox 控件，以下拉列表的形式提供年级、系部等多个选项，为用户输入带来方便。列表类控件在 Windows 应用程序中被普遍使用，下面介绍最常用的列表类控件 ListBox 和 ComboBox。

（1）ListBox（列表框）控件。

ListBox 控件用于显示一组相关联的数据，它的图标是 ListBox 。列表框中的每个元素称为"项"，用户可以从中选择一个或多个选项，也可添加、删除一项或多项，达到与用户对话的目的。列表框中的数据既可以在设计时填充，也可以在程序运行时填充。

与复选框和单选按钮一样，列表框也提供了要求用户选择一个或多个选项的方式。在设计期间，当要求用户选择时，如果要选择的项数未知，则应考虑使用列表框。即使知道所有可能的值，但当选项非常多时，也应该考虑使用列表框。

ListBox 控件的常用属性如表 4-4-6 所示。

表 4-4-6　ListBox 控件的常用属性

属　　性	说　　明
Items	表示列表框中所有项的集合
SelectedMode	设置列表框中项的选择模式，有 4 个枚举值，如表 4-4-7 所示
SelectedItem	获取当前选定项
SelectedItems	获取当前所有选定项的集合
SelectedValue	获取当前选定项的值
SelectedIndex	当前选定项的索引值，列表框中的每个项都有一个索引号，从 0 开始
MultiColumn	列表框是否支持多列显示
Sorted	列表框是否支持排序
Text	当前选定项的文本

表 4-4-7　SelectedMode 属性的枚举值

枚　举　值	说　　明
None	不能选择任何选项
One	一次只能选择一个选项
MultiSimple	可以选择多个选项
MultiExtended	可以选择多个选项，并可结合"Ctrl""Shift"和方向键进行选择

要特别注意 ListBox 控件的 Text 属性。与其他控件的 Text 属性不同，如果设置 ListBox 控件的 Text 属性，列表框将搜索匹配该文本的选项，并选择该选项。如果获取 Text 属性，则返回的值是列表中第一个选中的选项。若 SelectionMode 属性的值是 None，就无法使用该属性。

本任务在窗体的 Load 事件中使用了多个"lstMemberList.Items.Add();"语句，将社员对象添加到列表框中，也可以在设计时通过字符串集合编辑器向列表框中添加选项，如图 4-4-9 所示。

图 4-4-9　设计时向列表框添加选项

当选项存在于数组中时，可以使用 AddRange 方法。例如，有数组定义为：
string[] names=new string[5]{"孙林", "李贤波", "苏佳", "苏美美", "沈阳"};

那么，通过语句"lstMemberList.Items.AddRange(names);"就可以将数组中的 5 个元素添加到列表框中。

ListBox 控件还可进行数据绑定。ListBox 控件的 DataSource 属性能绑定多种格式的数据，如数组、列表、数据集或数据表等。

下面介绍 ListBox 控件的其他使用方法。

① 通过索引访问指定项。

可以通过 Items[索引值]访问指定索引的项目，如 ListBox1.Itcms[3]指访问列表框中的第 4 个项目。

② 获得列表项的数目。

Items.Count 属性可以获得列表项的数目。

③ 插入新项。

Items.Insert 方法可以在列表框中的指定位置处插入一个列表项，调用格式及功能如下：

格式：ListBox 对象.Items.Insert(n,s)。

功能：参数 n 代表待插入项的位置索引，参数 s 代表待插入项，即把 s 插入 "ListBox 对象"指定列表框的索引为 n 的位置处。

例如，ListBox1.Items.Insert(1, "插入的项目")插入新项的结果如图 4-4-10 所示。

图 4-4-10　列表框中插入新项

④ 删除项目。

Items.Remove 方法可以从列表框中删除一个列表项，调用格式及功能如下：

格式：ListBox 对象.Items.Remove(s)。

功能：从 ListBox 对象指定的列表框中删除列表项 s。

例如，ListBox1.Items.Remove(ListBox1.Items[3])表示删除列表框中的第 4 项；ListBox1.Items.Remove(ListBox1.SelectedItem)表示删除当前选中项。

Items.RemoveAt 方法也可以从列表框中删除一个列表项，调用格式及功能如下：

格式：ListBox 对象.Items.RemoveAt(index)。

功能：从 ListBox 对象指定的列表框中删除索引为 index 的列表项。

例如，ListBox1.Items.RemoveAt(3)等同于 ListBox1.Items.Remove(ListBox1. Items[3])，即删除列表框中的第 4 项； ListBox1.Items.RemoveAt(ListBox1. SelectedIndex)等同于 ListBox1.Items.Remove(ListBox1.SelectedItem)，即删除当前选中项。

⑤ 清除所有项目。

Items.Clear 方法可以清除列表框中的所有项目。其调用格式如下：

格式：ListBox 对象.Items.Clear()，该方法无参数。

在示例 4.4.3 中，左边框内的选项可以移动到右边框中去，该示例展示了多选模式下 ListBox 控件的各种方法和属性的使用。

示例 4.4.3：ListBox 控件的使用。

在窗体中设置左、右两个 ListBox 控件，4 个按钮用于列表框中项目的移动，列表框使用示例如图 4-4-11 所示。

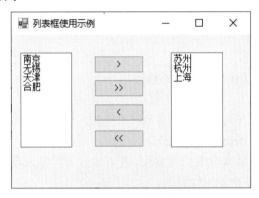

图 4-4-11　列表框使用示例

分别在 4 个按钮的 Click 事件方法中添加如下代码：

```csharp
1.  // ">"按钮 Click 事件
2.  private void btnItemToRight_Click(object sender, EventArgs e)
3.  {       if(lstLeft.SelectedIndex!=-1)
4.          {
5.                  lstRight.Items.Add(lstLeft.SelectedItem);
6.                  lstLeft.Items.RemoveAt(lstLeft.SelectedIndex);
7.          }
8.  }
9.  // "<"按钮 Click 事件
10. private void btnItemToLeft_Click(object sender, EventArgs e)
11. {
12.      if (lstRight.SelectedIndex != -1)
13.          {
14.                  lstLeft.Items.Add(lstRight.SelectedItem);
15.                  lstRight.Items.RemoveAt(lstRight.SelectedIndex);
16.          }
17. }
18. // ">>"按钮 Click 事件
19. private void btnItmesToRight_Click(object sender, EventArgs e)
20. {
21.      for (int i = 0; i < lstLeft.SelectedItems.Count; i++)
22.          {
23.                  lstRight.Items.Add(lstLeft.SelectedItems[i]);
24.          }
25.      for (int i = lstLeft.SelectedItems.Count - 1; i >= 0; i--)
26.          {
27.                  lstLeft.Items.Remove(lstLeft.SelectedItems[i]);
28.          }
29. }
30. // "<<"按钮 Click 事件
```

```
31. private void btnItmesToLeft_Click(object sender, EventArgs e)
32. {        for (int i = 0; i < lstRight.SelectedItems.Count; i++)
33.        {
34.                lstLeft.Items.Add(lstRight.SelectedItems[i]);
35.        }
36.        for (int i = lstRight.SelectedItems.Count - 1; i >= 0; i--)
37.        {
38.                lstRight.Items.Remove(lstRight.SelectedItems[i]);
39.        }
40. }
```

由此可见，当列表框处于多选模式时，常结合循环语句对选中项进行处理。值得注意的是，随着移动操作的进行，SelectedItems 集合一直在发生变化，因此在移动列表框中选项时，应当采用倒序的方式，即先移动最后一个选中项。

ListBox 控件常用事件有 Click 和 SelectedIndexChanged。SelectedIndexChanged 事件是默认事件，当列表框中改变选中项时触发该事件。

（2）ComboBox（组合框）控件。

ComboBox 控件的图标是 🖼 ComboBox 。它是组合了文本框和列表框的特性而形成的一种控件：它在列表框中列出可供用户选择的选项，当用户选中某项后，该项内容自动装入文本框中；当列表框无法为用户提供需要的选项时，用户也可以在文本框中自行输入。它的最大优点在于可以节省窗体空间。

除与标准列表框控件类似的属性外，组合框控件还具备一个重要的属性 DropDownStyle，其用于设置组合框的外观和功能，有三个枚举值，如表 4-4-8 所示。图 4-4-12 展示了三种风格的组合框。

表 4-4-8　DropDownStyle 属性的枚举值

属 性 值	说　明
Simple	简单组合框，文本部分可编辑，列表部分总是可见
DropDown	下拉组合框，文本部分可编辑，用户须单击箭头来显示列表
DropDownList	用户不能编辑文本部分，须单击箭头来显示列表

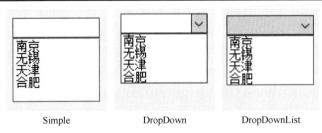

图 4-4-12　组合框的三种风格

在某些场景中，当需要标准化输入时，可以将组合框控件的 DropDownStyle 属性设置为 DropDownList，即用户只能从列表中选择，而不能自行输入。

组合框的使用与列表框相似，其 Text 属性表示了当前选中项的文本或用户自行输入的文本。组合框控件也可以进行数据绑定，本任务中的系部列表、专业列表均进行了数据绑定。具体的方式为：

```
控件名.DataSource=数据源名称；
控件名.DisplayMember=属性或数据表字段名；
控件名.ValueMember=属性或数据表字段名；
```

其中，DataSource 属性是指要绑定的数据源，一般为数组、数据集或数据表，DisplayMember 属性是指在控件中显示的文本；ValueMember 属性是指文本对应的使用值。本任务窗体的 Load 事件代码中，以系部列表为例，使用 Department 对象数组作为 ComboBox 控件的数据源，并将 DepartmentName 和 DepartmentID 两个属性分别设定为 DisplayMember 和 ValueMember。

组合框控件的默认事件也是 SelectedIndexChanged 事件，示例 4.4.4 是组合框控件的一个使用实例。

示例 4.4.4：ComboBox 控件的使用。

在窗体中创建一个 ComboBox 控件和一个标签控件，当选择组合框中的某一项时，在标签中显示"您选择的城市是：城市名"。组合框使用示例如图 4-4-13 所示。

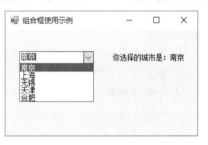

图 4-4-13　组合框使用示例

在 ComboBox 控件默认事件 SelectedIndexChanged 的方法中添加代码如下：

```
private void cmbCity_SelectedIndexChanged(object sender, EventArgs e)
{
    lblCity.Text ="你选择的城市是： "+ cmbCity.SelectedItem.ToString();
}
```

4. DateTimePicker 控件

在"社员信息管理"窗体上的"出生年月"一栏，选用一个与日期时间设置相关的控件 DateTimerPicker。该控件外观近似于组合框，由显示文本和一个"下拉"按钮组成，界面十分友好，如图 4-4-14 所示。单击"下拉"按钮将弹出日历供用户选择日期，单击月标题两侧的方向按钮可以选择月，单击年按钮则提供年列表，该控件可以自动地将系统的当前日期高亮显示。

图 4-4-14　DateTimePicker 控件外观

DateTimePicker 控件属性如表 4-4-9 所示。

表 4-4-9 DateTimePicker 控件属性

属 性	说 明
Format	设置日期格式
Value	获取日期
ShowUpDown	设置控件显示模式

Value 属性继承了 System.DateTime 类的属性和方法，在编程时只要在 Value 后输入一个小圆点就会弹出提示属性和方法的列表框，使用这些属性和方法可以轻松地完成对日期或时间的运算任务。关于 System.DateTime 类的详细介绍，参见本任务"拓展学习"。

ShowUpDown 属性值是布尔值，默认值为 false，当该值为 true 时，控件使用方法类似于 NumbericUpdown 控件，选中年、月或日数值，通过上、下方向按钮进行调整，如图 4-4-15 所示。

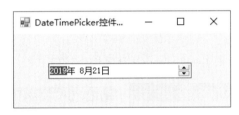

图 4-4-15　ShowUpDown 属性值为 true 示例

 拓展学习

1. Windows 用户界面设计原则

窗体是 Windows 应用程序的基本单位，而控件是分布在窗体中的主要对象，对于 Windows 应用程序中用户界面的设计，应该遵循一定的原则，具体如下：

（1）色彩：浅色，给人以轻松、舒适的感觉，如果希望应用程序看起来更加专业，可以用系统调色板进行设置；文本框使用白色背景，表示需要用户输入信息；标签的背景色使用灰色，表示用户不能更改它。

（2）布局：使用 GroupBox、Panel 等容器类控件设置相关项目。

（3）字体：使用无衬线字体，不使用大字体、粗体字。

2. TabControl 控件

除 Panel 控件和 GroupBox 控件外，TabControl（选项卡）控件也是经常使用的容器类控件之一。这种控件可以用来制作多页对话框，每页用一个选项卡来标识；这种对话框出现在 Windows 操作系统的许多地方，如图 4-4-16 所示的对话框中就包含了一个选项卡控件。近些年来，Office 软件中的工具栏也融合了选项卡风格，Word 中选项卡风格的工具栏如图 4-4-17 所示。使用 TabControl 控件不仅可以在窗体中显示更多的内容，而且也可以对相关信息进行分组，便于查找。TabControl 控件属于窗体级的控件，可以容纳 Panel 和 GroupBox 等其他容器控件。如图 4-4-18 所示的是设计阶段的选项卡。

图 4-4-16　Windows 操作系统中包含选项卡的对话框

图 4-4-17　Word 中选项卡风格的工具栏

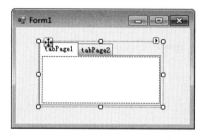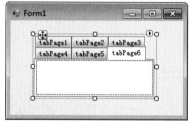

图 4-4-18　设计阶段的选项卡

　　TabControl 控件最重要的属性是 TabPages，它表示 TabControl 控件的选项卡集合。通过单击属性旁边的 ⊡ 按钮，可打开"TabPage 集合编辑器"对话框，如图 4-4-19 所示。单击左下侧的"添加"或"移除"按钮，可向当前 TabControl 控件中添加或删除选项卡。选中"成员"列表中的任一项目，可以在右边的属性列表中设置该选项卡的属性。

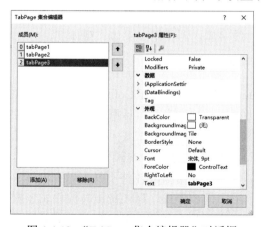

图 4-4-19　"TabPage 集合编辑器"对话框

TabControl 控件属性也可以通过直接单击 TabControl 控件右上角的"黑色箭头"按钮设置，即在弹出的 TabControl 任务菜单中选择"添加选项卡"或"删除选项卡"选项，实现选项卡的快速添加和删除功能，如图 4-4-20 所示。

图 4-4-20 "添加"和"删除"选项卡

TabControl 控件的其他属性如表 4-4-10 所示。

表 4-4-10　TabControl 控件的其他属性

属　　性	说　　明
Mutiline	用于指定是否可以显示多行选项卡
SelectedIndex	表示当前选中的选项卡的索引值
SelectedTab	表示当前选中的选项卡页
ShowToolTips	指定当鼠标移至选项卡上方时是否显示工具提示
TabCount	获取 TabControl 控件中选项卡的数量
TabPages	表示 TabControl 控件中所有选项卡页的集合

3. 控件的对齐

"社员信息管理"窗体的特点是控件种类多、数量大。面对较多控件同时出现在一个窗体中的情况，控件对齐尤为重要。采用手工移动并借助系统提供的参考线对齐方式费时且不够精准，只适用于少量控件的情况。可以借助"格式"选项卡中的菜单命令来完成。"格式"选项卡命令菜单如图 4-4-21 所示。执行"视图 | 工具栏 | 布局"命令，可以在工具栏中添加"布局"工具条，如图 4-4-22 所示。

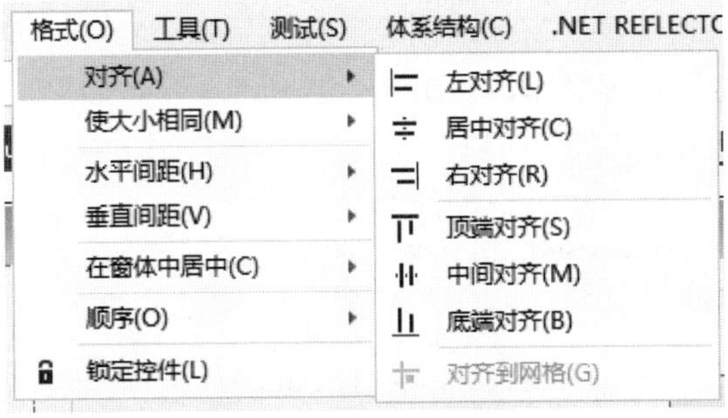

图 4-4-21 "格式"选项卡命令菜单

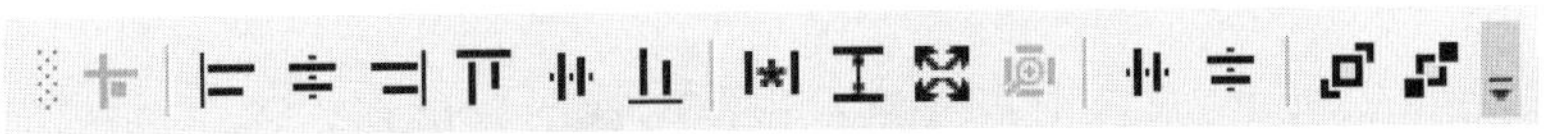

图 4-4-22 "布局"工具条

　　按"Shift"或"Ctrl"键，依次单击控件可以选定多个控件。如果要选择的控件处在同一区域，也可以使用鼠标在这些控件外围画出一个矩形方框，处于方框内部的控件将同时被选定，如图4-4-23所示。

图 4-4-23　同时选定多个控件

　　（1）在任务4.3创建的"用户登录"窗体中，添加一个ComboBox控件，如图4-4-24所示。当用户名、密码及权限均匹配时，登录成功（假设普通用户的用户名为Tomy，密码为123456；管理员的用户名为Admin，密码为Admin）。

图 4-4-24　"用户登录"窗体

　　（2）参照"社员信息管理"窗体，创建"社团管理"窗体，用户可以对社团信息进行添加、修改、删除与保存等操作，如图4-4-25所示。

图 4-4-25　"社团管理"窗体

（3）参照"社员信息管理"窗体，创建"社团活动管理"窗体，用户可以对活动信息进行添加、修改、删除与保存等操作，如图4-4-26所示。

图4-4-26　"社团活动管理"窗体

（4）参照"社员信息管理"窗体，创建"用户管理"窗体，管理员用户可以对系统用户信息进行添加、修改、删除与保存修改等操作。窗体中的"显示密码"按钮可以切换文本框中文本的显示模式，如图4-4-27所示。

图4-4-27　"用户管理"窗体

任务4.5　社员照片选择及预览

任务目标

社团成员的信息包括编号、姓名、系部、出生年月等，在这些资料中，照片也是十分重要的。本任务将在"社员信息管理"窗体中实现选择社员照片的功能，并在窗体中预览，效果如图4-5-1所示。

图4-5-1　"社员信息管理"窗体中的照片预览

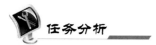 任务分析

要浏览本地图片，系统就要提供选择文件的对话框并打开文件。为了避免用户因选择了不符合要求的文件而造成的程序异常，系统提供的浏览功能应有所限制。这些功能都可以通过对话框来完成。图片预览流程如图 4-5-2 所示。

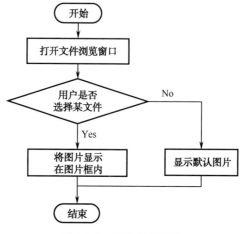

图 4-5-2 图片预览流程

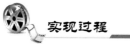 实现过程

步骤一：在窗体中添加相关控件。

打开"社员信息管理"窗体，在图片框中设置初始图片 nopic.jpg；在图片框控件下方添加组合框控件，并设置相关属性，如图 4-5-3 所示。两个控件的属性设置如表 4-5-1 所示。

图 4-5-3 图片框和组合框控件

表 4-5-1 图片框和组合框属性设置

控 件 类 型	控 件 说 明	属　　性	属　性　值
PictureBox	照片预览	(Name)	picPicture
		Image	bin/Debug/nopic.jpg
		SizeMode	StretchImage

146

控件类型	控件说明	属 性	属性值
ComboBox	照片设置	(Name)	cmbSetPic
		Items	暂无照片，浏览……
		DropDownStyle	DropDownList

步骤二： 创建"打开文件对话框"控件。

（1）在"工具箱"面板的"对话框"的下拉列表中，将"打开文件对话框"控件OpenFileDialog 拖放到窗体中，OpenFileDialog 控件如图 4-5-4 所示。

图 4-5-4　OpenFileDialog 控件

（2）设置 OpenFileDialog 控件的相关属性，如表 4-5-2 所示。

表 4-5-2　OpenFileDialog 控件属性设置

属 性	属 性 值	说 明
Name	dlgOpenFile	控件名称为 dlgOpenFile
FileName	（清空）	将对话框中文件名清空
Title	选择照片	设置对话框标题文本
Filter	位图文件(*.bmp)|*.bmp|JPEG(*.jpg;*jpeg)| *.jpg;*jpeg|所有文件(*.*)|*.*	设置筛选文件类型

步骤三： 在组合框控件 cmbSetPic 的 SelectedIndexChanged 事件中编写代码如下：

```
1.  private void cmbPic_SelectedIndexChanged(object sender, EventArgs e)
2.  {
3.      if(cmbSetPic.SelectedIndex == 0)    //如果选择了"暂无照片"选项
4.      {
5.          picPicture.Image = Image.FromFile("nopic.jpg");
6.      }
7.      if(cmbSetPic.SelectedIndex == 1)    //如果选择了"浏览……"选项
8.      {
9.          DialogResult result=dlgOpenFile.ShowDialog();
10.         if (result == DialogResult.OK) //如果用户单击"打开"按钮
11.         {
12.             if (dlgOpenFile.FileName != "")
13.             {
14.                 picPicture.Image = Image.FromFile(dlgOpenFile.FileName);
15.             }
16.         }
17.     }
18. }
```

【代码解读】

第3～6行：选择第一项"暂无照片"，则在图片框中加载系统默认图片。

第7行：选择第二项"浏览……"选项，则调用 ShowDialog 方法弹出"选择照片"对话框。这是一个模式对话框，关于模式对话框的概念，将在本任务的"拓展学习"部分进行详细介绍。

第9行：通过 ShowDialog 方法的返回值获取用户在"选择照片"对话框中的操作结果，即单击的按钮是"打开"还是"取消"。

第10～16行：如果用户单击了"打开"按钮，那么继续判断用户是否已选中了某个文件，是则在图片框中加载图片文件。

步骤四：保存文件，进行功能测试，测试中"选择照片"对话框和照片预览效果如图4-5-5和图4-5-6所示。

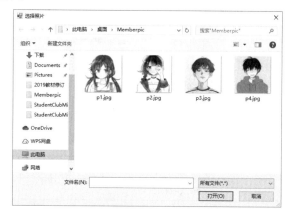

图 4-5-5 "选择照片"对话框

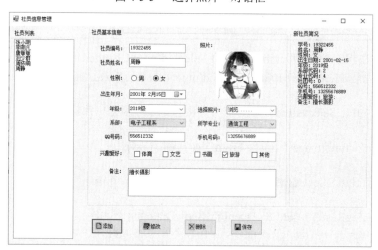

图 4-5-6 照片预览效果

技术要点

▶ 1. 对话框控件

对话框是 Windows 应用程序的重要组成部分，它也是一种窗体，用来在程序运行时与用户交互，其一方面可以将程序运行信息报告给用户，另一方面可以接收用户的响应和数据输入。本任务使用了 OpenFileDialog 对话框控件来弹出对话框并打开文件。

在.NET 框架中，对话框除了 OpenFileDialog（打开文件对话框），还有 SaveFileDialog（保存文件对话框）、FontDialog（字体对话框）、ColorDialog（颜色对话框）、FolderBrowserDialog（文件夹浏览对话框）等。它们被统称为通用对话框或标准对话框，共同的特点是能弹出相应的对话框，与用户进行交互。.NET 框架提供这些对话框的类定义，CommonDialog 类继承自这些对话框类。表 4-5-3 中罗列了这些通用对话框的名称和作用。

表 4-5-3　通用对话框

名　称	作　用
ColorDialog	选择颜色
FolderBrowserDialog	创建和查看文件夹
FontDialog	设置和选择字体
OpenFileDialog	打开文件
SaveFileDialog	保存文件
PageSetupDialog	设置可打印的页面
PrintDialog	打印文档
PrintPreviewDialog	打印预览

▶ 2. OpenFileDialog 控件

OpenFileDialog 控件用于打开标准的 Windows "打开" 对话框，允许用户打开一个或多个文件，供程序的其他部分使用，"打开" 对话框如图 4-5-7 所示。

OpenFileDialog 控件不直接显示在窗体中，只出现在窗体下方的窗格中。此外，该控件也可以在程序运行过程中通过代码创建，语法格式如下：

```
OpenFileDialog OpenFileDialog1 = new OpenFileDialog();
```

上面语句的作用是创建 OpenFileDialog 类的对象实例 OpenFileDialog1。

通过设置 OpenFileDialog 控件的一些属性可以定制对话框、设置标题、筛选文件类型、初始化目录等。OpenFileDialog 控件的常用属性如表 4-5-4 所示。

图 4-5-7　"打开" 对话框

表 4-5-4　OpenFileDialog 控件的常用属性

属　　性	说　　明
InitialDirectory	设置在对话框中显示的初始化目录
Filter	设定对话框中过滤文件字符串
FilterIndex	设定显示的过滤字符串的索引
RestoreDirectory	布尔型，设定是否重新回到关闭此对话框时的当前目录
FileName	设定在对话框中选择的文件名称
ShowHelp	设定在对话框中是否显示"帮助"按钮
Title	设定对话框的标题

　　其中，Filter 属性也被称为文件筛选器，用于对文件进行筛选和过滤。Filter 属性值是一个字符串，它的设置方法比较特殊，必须按照一定的格式来设置。文件筛选器由以符号"|"分隔的两部分组成：一部分是在对话框右下角组合框中显示的文件类型描述符，如"文本文件(*.txt)"，如图 4-5-8 所示；另一部分是内部执行的筛选类型，如"*.txt""*.txt;*doc"。当有多个筛选器时，用"|"符号将它们隔开。例如"文本文件(*.txt)| *.txt|所有文件(*.*)|*.*"。步骤二中设置的 Filter 属性在文件类型下拉列表中的效果如图 4-5-9 所示。

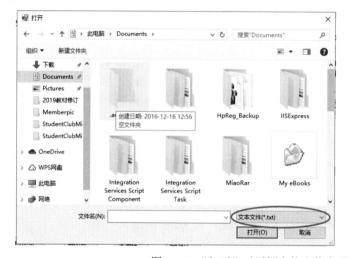
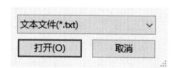

图 4-5-8　"打开"对话框中的文件类型描述符

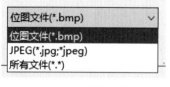

图 4-5-9　文件类型下拉列表

　　FilterIndex 属性是"打开"对话框中当前选定筛选器索引的值，第一个筛选器的索引值为 1，FilterIndex 的默认值为 1。

　　在步骤二中，通过"属性"面板对 OpenFileDialog 控件对象 dlgOpenFile 的属性进行设置，如果在程序运行过程中创建 OpenFileDialog 对象，那么可以通过代码设置其属性，代码如下：

```
OpenFileDialog dlgOpenFile= new OpenFileDialog();
dlgOpenFile.Title= "选择照片";
dlgOpenFile.Filter= "位图文件(*.bmp)|*.bmp|JPEG(*.jpg;*jpeg)| *.jpg;*jpeg|所有文件(*.*)|*.*";
```

```
dlgOpenFile. FilterIndex=2;
dlgOpenFile. InitialDirectory= "C:\\ ";
dlgOpenFile. RestoreDirectory=true;
```

将 dlgOpenFile 对象的属性设置好后，调用 ShowDialog 方法，显示"打开"对话框。该方法将返回一个 DialogResult 类型的值。如果用户在对话框中单击"打开"按钮，返回值为 DialogResult.OK，否则为 DialogResult.Cancel。

通过 FileName 属性，获取用户所选文件的绝对路径，在图片框或其他类型的控件中可以打开文件。如未选中文件，FileName 属性的值是一个空字符串。示例 4.5.1 是在文本框中打开文本文件的例子。

示例 4.5.1：打开文本文件。

新建窗体，创建 RichTextBox 控件及"打开文件""保存文件"两个按钮（btnOpen、btnSave），"文件打开与保存"窗体布局如图 4-5-10 所示。

双击"打开文件"按钮，在按钮的 Click 事件响应方法中编写代码：

```
1.  private void btnOpen_Click(object sender, EventArgs e)
2.  {
3.      OpenFileDialog dlgOpen = new OpenFileDialog();
4.      dlgOpen .Title = "打开文本文件";
5.      dlgOpen .Filter = "文本文件(*.txt)|*.txt|所有文件(*.*)|*.*";
6.      if (dlgOpen .ShowDialog() == DialogResult.OK)
7.      {
8.          if (dlgOpen.FileName!="")
9.          {
10.             //在文本框中加载文本文件
11.             richTextBox1.LoadFile(dlgOpen.FileName,RichTextBoxStreamType.PlainText);
12.         }
13.     }
14. }
```

本示例中的 RichTextBox 控件与 TextBox 控件功能相似，但 RichTextBox 控件功能更强大，它可以显示、输入和操作带格式的文本，还可以从文件中加载文本及将文本保存到文件中，常用来设计文本编辑器。

"保存文件"按钮功能将在示例 4.5.2 中实现。

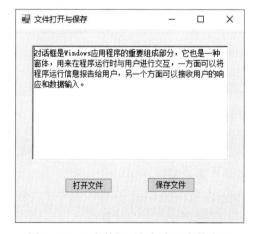

图 4-5-10 "文件打开与保存"窗体布局

拓展学习

➤ 1. 其他对话框控件

（1）SaveFileDialog 控件。

SaveFileDialog 控件与 OpenFileDialog 控件的功能相对应，用于创建标准的 Windows "另存为"对话框，为用户另存文件所用，"另存为"对话框如图 4-5-11 所示。

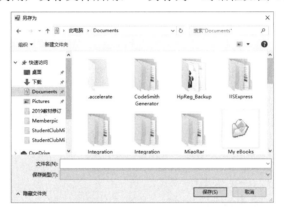

图 4-5-11 "另存为"对话框

SaveFileDialog 控件的属性和 OpenFileDialog 控件的属性大致相同（详见表 4-5-4）。稍有不同的是，SaveFileDialog 控件的 FileName 属性用于保存输入的文件名和路径，Title 属性默认的对话框标题为"另存为"。众所周知，"打开文件"和"保存文件"操作有一些区别，如保存文件时会遇到同名文件已存在的情况，系统需判断并询问用户是否覆盖同名文件等，这些功能的实现要借助 SaveFileDialog 控件的某些特殊属性值，这里将 SaveFileDialog 控件的部分属性在表 4-5-5 中列出来了。

表 4-5-5 SaveFileDialog 控件属性（部分）

属　　性	说　　明
CreatePrompt	确定当用户保存一个新文件时，是否提示用户创建新文件，默认值为 false
DefaultExt	设置默认的文件扩展名
OverWritePrompt	确定当用户保存一个已存在的文件时，是否提示该文件已存在，默认值为 true

SaveFileDialog 对象也可以在程序运行过程通过代码创建，语法格式如下：

```
SaveFileDialog SaveFileDialog1 = new SaveFileDialog ();
```

上述语句表示创建 SaveFileDialog 类的对象实例 SaveFileDialog1。要显示"保存文件"对话框，只能通过语句调用 ShowDialog 方法。

示例 4.5.2 接着示例 4.5.1，实现了图 4-5-10 中"保存文件"按钮的功能，该功能可以通过"保存文件"对话框将文本框中的内容保存到文本文件中。

示例 4.5.2：保存（另存）文本文件。

双击"保存文件"按钮，在按钮的 Click 事件响应方法中编写代码：

```
1. private void btnSave_Click(object sender, EventArgs e)
2. {
```

```
3.       SaveFileDialog dlgSave = new SaveFileDialog ();
4.       dlgSave .Title = "保存文本文件";
5.       dlgSave .Filter = "文本文件(*.txt)|*.txt|所有文件(*.*)|*.*";
6.       if (dlgSave .ShowDialog() == DialogResult.OK)
7.       {
8.           if (dlgSave .FileName!="")
9.           {
10.              //将文本框中文本保存为文本文件
11.              richTextBox1.SaveFile(dlgSave .FileName,RichTextBoxStreamType.PlainText);
12.          }
13.      }
14. }
```

（2）FontDialog 控件。

FontDialog 控件用来打开一个标准的 Windows "字体" 对话框，允许用户选择设置字体、字形及字号大小等，供应用程序使用。在很多软件中，尤其是在一些带有文字编辑处理功能的软件中，常常可以见到如图 4-5-12 所示的对话框。

（"下划线"的正确写法为"下画线"）

图 4-5-12　"字体" 对话框

通常情况下，标准的 Windows "字体" 对话框显示字体、字形、大小列表框，为文字加上删除线和下画线效果的复选框，以及字体外观的示例和字符集组合框。此外，也可以通过 new 关键字创建 FontDialog 类的对象，语句如下：

FontDialog FontDialog1=new FontDialog();

"字体" 对话框的显示也只能通过代码调用 ShowDialog 方法来实现。

FontDialog 控件的常用属性如表 4-5-6 所示。

表 4-5-6　FontDialog 控件的常用属性

属　　性	说　　明
Font	获取用户选择的字体
AllowScirptChange	确定是否可以在"字符集"组合框中选取其他字符集
ShowColor	确定是否在对话框中设置字体的颜色，默认值为 Flase
Color	获取用户设置的字体颜色
ShowEffects	确定是否在对话框中显示下画线、删除线等选项

示例4.5.3演示了如何通过FontDialog控件设置文本框中的显示文本。

示例4.5.3： 文本设置。

在示例4.5.1的窗体中，添加一个菜单控件，并在菜单中添加两个菜单项，如图4-5-13所示。

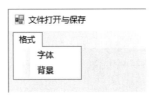

图4-5-13　菜单项设置

双击"字体"菜单项，在它的Click事件响应方法中编写如下代码：

```
1.  private void 字体ToolStripMenuItem_Click(object sender, EventArgs e)
2.  {
3.      FontDialog dlgFont = new FontDialog();
4.      dlgFont .ShowColor = true;
5.      if (dlgFont .ShowDialog() == DialogResult.OK)
6.      {
7.          richTextBox1.Font = dlgFont .Font;
8.          richTextBox1.ForeColor = dlgFont .Color;
9.      }
10. }
```

在上述代码中，第4行语句表示在"字体"对话框中显示"字体颜色"选项，允许用户设置文本的颜色。程序运行结果如图4-5-14所示，增加了一个"颜色"选项。

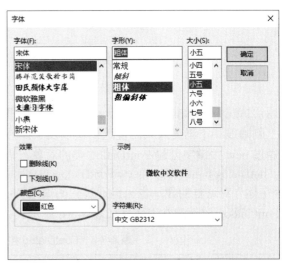

图4-5-14　程序运行结果

前面示例中，我们通过设置richTextBox1控件的Font属性和ForeColor属性来改变文本框中文本的字体和颜色。若想获得与Word应用程序中改变选中文本字体和颜色功能类似的效果，则可以设置richTextBox1控件的SelectionFont属性和SelectionColor属性。

（3）ColorDialog 控件。

ColorDialog 控件用于打开一个标准的 Windows "颜色" 对话框，允许用户从调色板中选择颜色或者在调色板中自定义颜色。如图 4-5-15 所示的就是一个 "颜色" 对话框。

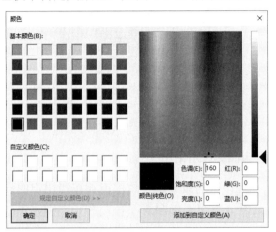

图 4-5-15 "颜色" 对话框

"颜色" 对话框除了可以从 "工具箱" 面板中拖放获取，也可以通过 new 关键字创建 ColorDialog 类的对象获取，语句如下：

ColorDialog ColorDialog1=new ColorDialog ();

ColorDialog 控件的常用属性如表 4-5-7 所示。

表 4-5-7 ColorDialog 控件的常用属性

属　　性	说　　明
AllowFullOpen	确定是否可以使用 "自定义颜色" 按钮
Color	获取用户所选择的颜色
FullOpen	确定是否显示自定义的颜色

注意，FontDialog 控件和 ColorDialog 控件均无 Title 属性，用户不可以自定义对话框标题。"颜色" 对话框的显示只能通过调用 ShowDialog 方法来实现。

示例 4.5.4 演示了如何通过 ColorDialog 控件设置文本框的背景色。

示例 4.5.4：背景色设置。

双击示例 4.5.3 中的 "背景" 菜单项（见图 4-5-13），在 Click 事件响应方法中编写如下代码：

```
1.  private void 背景 ToolStripMenuItem_Click(object sender, EventArgs e)
2.  {
3.      ColorDialog dlgColor = new ColorDialog();
4.      if (dlgColor .ShowDialog() == DialogResult.OK)
5.      {
6.          richTextBox1.BackColor = dlgColor.Color;
7.      }
8.  }
```

设置背景色后的文本框如图 4-5-16 所示。

图 4-5-16　设置背景色后的文本框

2. 模式对话框与非模式对话框

对话框供用户进行一些参数的设置，使程序能够按照用户的设置进行特定的操作，可以说，对话框是用于进行人机交互的强大工具。

对话框可以分为模式对话框和非模式对话框两种。当一个模式对话框打开时，用户只能在当前的对话框中进行操作，在关闭该对话框之前不能切换到程序的其他窗体。例如上面提到的"打开""另存为""字体"对话框等都是模式对话框。当一个非模式对话框打开时，当前所操作的对话框可以和程序的其他窗体切换，如 Word 应用程序中的"查找"与"替换"对话框就是非模式对话框。

在 C#中，使用窗体的 Show 方法可以将该窗体显示为非模式形式。通常情况下，窗体显示为非模式形式，如下面的这段代码，就是将窗体 Form1 显示为非模式窗体。这个方法曾在本项目任务 4.2"欢迎界面设计"中介绍过。

```
Form1 frm1 = new Form1();     //创建 Form1 窗体对象 frm1
frm1.Show();                  //将窗体对象 frm1 显示为非模式窗体
```

模式窗体的显示通过窗体的 ShowDialog 方法实现，代码如下：

```
Form2 frm2 = new Form2();     //创建 Form2 窗体对象 frm2
frm2.ShowDialog();            //将窗体对象 frm2 显示为非模式窗体
```

当调用 ShowDialog 方法时，直到关闭对话框后，才执行此方法后面的代码。ShowDialog 方法还可以返回一个 DialogResult 类型的值，用户可以根据这个返回值决定下一步的操作。DialogResult 类型是枚举类型，常用的枚举值如下：

DialogResult.OK，对话框返回值是 OK（通常由标签为"确定"的按钮发送）。

DialogResult.Yes，对话框返回值是 Yes（通常由标签为"是"的按钮发送）。

DialogResult.No，对话框返回值是 No（通常由标签为"否"的按钮发送）。

DialogResult.Cancel，对话框返回值是 Cancel（通常由标签为"取消"的按钮发送）。

DialogResult.Abort，对话框返回值是 Abort（通常由标签为"中止"的按钮发送）。

DialogResult.Retry，对话框返回值是 Retry（通常由标签为"重试"的按钮发送）。

DialogResult.Ignore，对话框返回值是 Ignore（通常由标签为"忽略"的按钮发送）。

任务 4.6　系统主界面设计

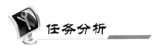　任务目标

本任务的目标是设计并创建"学生社团管理系统"的主界面，主界面中具有背景图片、菜单栏、工具栏、状态栏等元素，主界面外观如图 4-6-1 所示。

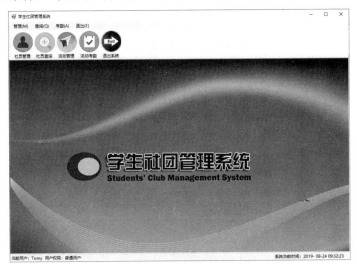

图 4-6-1　"学生社团管理系统"主界面外观

任务分析

登录窗口是系统的入口，而系统主界面是一个软件功能体现的主要平台。菜单栏、工具栏、状态栏等控件是主界面中必不可少的元素。菜单栏会将系统各功能分门别类地罗列在一起，用户可以通过菜单命令调用系统功能；工具栏中则集合了常用的菜单命令，使用户使用更加方便快捷；状态栏中显示系统的部分信息，如当前用户名、当前时间等，帮助用户了解系统的当前状态。

　实现过程

步骤一：创建系统主界面窗体文件 FrmMain.cs。

在项目中创建一个新窗体，并将窗体的属性按表 4-6-1 进行设置。

表 4-6-1　FrmMain 窗体属性设置

属　　性	属　性　值	说　　明
Name	FrmMain	将窗体命名为 FrmMain
Text	学生社团管理系统	窗体标题文本
StartPosition	CenterScreen	窗体显示时相对于显示器的位置
IsMdiContainer	True	设置窗体为 MDI 容器

步骤二： 为主窗体添加菜单控件，并设置菜单项。

（1）在"工具箱"面板的"菜单和工具栏"列表中选择"MenuStrip"控件，拖放到窗体主界面中，如图 4-6-2 所示。

图 4-6-2　MenuStrip 控件

（2）输入菜单项。先建立主菜单，再建立子菜单。根据功能需求，按照表 4-6-2 对 MenuStrip 控件进行设置，共创建 5 个主菜单项，每个主菜单项中再创建数量不等的子菜单项，主菜单项的设置效果如图 4-6-3 所示。单击文本"请在此处键入"，重新输入自定义菜单项文本即可。如果要修改已输入的菜单项文本，则选中该菜单项并再次单击该项，即可进入编辑状态。当然，也可以在选中菜单项后通过修改其 Text 属性进行修改。图 4-6-4 是"查询"和"退出"菜单项的设置效果。

表 4-6-2　MenuStrip 控件设置

主 菜 单 项	子 菜 单 项	属　性	属　性　值
管理(M)	社团管理	Name	社团管理 ToolStripMenuItem
		Text	社团管理
	社员管理	Name	社员管理 ToolStripMenuItem
		Text	社员管理
	活动管理	Name	活动管理 ToolStripMenuItem
		Text	活动管理
	用户管理	Name	用户管理 ToolStripMenuItem
		Text	用户管理
查询(Q)	社团查询	Name	社团查询 ToolStripMenuItem
		Text	社团查询
	社员查询	Name	社员查询 ToolStripMenuItem
		Text	社员查询
	活动查询	Name	活动查询 ToolStripMenuItem
		Text	活动查询
	用户查询	Name	用户查询 ToolStripMenuItem
		Text	用户查询
考勤(A)	考勤管理	Name	考勤管理 ToolStripMenuItem
		Text	考勤管理
	考勤统计	Name	考勤统计 ToolStripMenuItem
		Text	考勤统计

续表

主菜单项	子菜单项	属性	属性值
退出(E)	注销	Name	注销 ToolStripMenuItem
		Text	注销
	退出	Name	退出 ToolStripMenuItem
		Text	退出
		ShortCutKeys	Alt+F4

图 4-6-3　主菜单项的设置效果

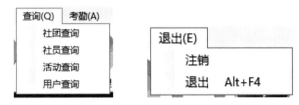

图 4-6-4　"查询"和"退出"菜单项的设置效果

（3）在菜单项的 Click 事件处理程序中添加相应代码，实现各菜单项功能。

"学生社团管理系统"的大部分菜单项的功能是调用窗体，这里以"社员管理"菜单为例，介绍通过菜单控件打开"社员信息管理"窗体的实现方法，其他菜单项类似。双击"管理(M)"菜单列表中的"社员管理"菜单项，进入其 Click 事件响应方法编辑界面，编写如下代码：

```
1. private void 社员管理 ToolStripMenuItem_Click(object sender, EventArgs e)
2. {
3.     FrmClubMemberManage frm = new FrmClubMemberManage();
4.     frm.MdiParent = this;
5.     frm.Show();
6. }
```

【代码解读】

第 3 行：创建"社员信息管理"窗体 FrmClubMemberManage 类对象实例 frm。

第 4 行：将系统主窗体设置为"社员信息管理"窗体 frm 的多文档界面（MDI）父窗体，新生成的窗体将成为主窗体的子窗体，只能在父窗体中出现。

第 5 行：调用 frm 窗体对象的 Show 方法显示该子窗体。

"退出"菜单的功能实现代码如下：

```
1. private void 退出 ToolStripMenuItem_Click(object sender, EventArgs e)
2. {
3.     if (MessageBox.Show("您真的要退出系统吗?", "系统提示",
       MessageBoxButtons.YesNo, MessageBoxIcon.Question) == DialogResult.Yes)
4.     {
5.         Application.Exit();
6.     }
7. }
```

【代码解读】

第 3 行：弹出确认是否退出系统的消息框，并判断用户的选择。消息框外观如图 4-6-5 所示。

第 5 行：Application.Exit()表示退出系统。

步骤三： 为主窗体添加工具栏控件。

（1）从"工具箱"面板的"菜单和工具栏"列表中选择 ToolStrip 控件，如图 4-6-6 所示，拖放到主界面中。

图 4-6-5　消息框外观

图 4-6-6　ToolStrip 控件

（2）单击工具栏控件上的黑色三角箭头，在下拉列表中选择"Button"控件，即可添加一个快捷按钮，如图 4-6-7 所示。

图 4-6-7　添加快捷按钮

（3）仿照上述做法，在工具栏控件中添加"社员管理""社员查询""活动考勤"等数个按钮，并按表 4-6-3 对 ToolStrip 控件进行设置，工具栏效果如图 4-6-8 所示。

表 4-6-3　ToolStrip 控件设置

控件类型	属　性	属　性　值
Button	Name	toolStripbtnMemberManage
	Text	社员管理
	Image	Member.png
	DisplayStyle	ImageAndText
	ImageScaling	None
	Size	60，85
	TextImageRelation	ImageAboveText
	ToolTipText	社员管理

续表

控 件 类 型	属　　性	属　性　值
Button	Name	toolStripbtnMemberQuery
	Text	社员查询
	Image	Search.png
	...	...
Button	Text	活动管理
	...	...
Button	Text	活动考勤
	...	...
Button	Text	退出系统
	...	...

图 4-6-8　工具栏效果

（4）在工具栏各按钮的 Click 事件处理程序中添加相应代码。工具栏按钮功能与对应菜单功能一致，因此，不必复制代码，可直接调用菜单项 Click 事件方法。具体做法是：双击按钮，进入相应 Click 事件响应方法的编辑界面，添加如下代码：

```
1.  private void toolStripbtnMemberManage_Click(object sender, EventArgs e)
2.  {
3.      //调用"社员管理"菜单项 Click 事件方法
4.      社员管理 ToolStripMenuItem_Click(sender, e);
5.  }
6.  private void toolStripbtnMemberQuery_Click(object sender, EventArgs e)
7.  {
8.      //调用"社员查询"菜单项 Click 事件方法
9.      社员查询 ToolStripMenuItem_Click(sender, e);
10. }
11. ...
```

步骤四： 为主窗体添加状态栏控件，状态栏中信息显示如图 4-6-9 所示。

当前用户：Tomy　用户权限：普通用户　　　　　　　　系统当前时间：2020- 09-09 12:18:37

图 4-6-9　状态栏中信息显示

（1）在"工具箱"面板的"菜单和工具栏"列表中选择"StatusStrip"控件，拖放到主界面中，如图4-6-10所示。

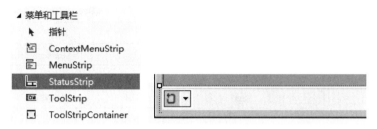

图 4-6-10　StatusStrip 控件

（2）单击状态栏控件上的黑色三角箭头，在其下拉列表中选择"StatusLabel"控件，如图4-6-11所示，即可添加一个标签。

（3）仿照上述做法，在状态栏控件中依次添加数个StatusLabel控件，并按表4-6-4进行设置。

图 4-6-11　选择"StatusLabel"控件

表 4-6-4　StatusStrip 控件设置

控件类型	控件说明	属性	属性值
StatusLabel	显示系统当前用户名	Name	statusStriplblUserName
		Text	（清空）
StatusLabel	显示系统当前用户权限	Name	statusStriplblRole
		Text	（清空）
StatusLabel	状态栏中间空白区域	Text	（清空）
		Spring	true
StatusLabel	显示系统当前时间	Name	statusStriplblTime
		Text	（清空）

（4）为窗体的 Load 事件中编写代码，在窗体加载时为状态栏设置系统相关信息。状态栏中的当前用户、权限等信息，应当由当前登录用户决定，这里暂且用指定用户名来表示；系统当前时间应动态显示，这里暂用静止的时间来表示。窗体间数据的传递及动态时间显示将在任务 4.8 中介绍。

```
1.  private void FrmMain_Load(object sender, EventArgs e)
2.  {
3.      statusStriplblUserName.Text = "当前用户：Tomy";
4.      statusStriplblRole.Text ="用户权限：普通用户";
5.      statusStriplblTime.Text = "系统当前时间："+System.DateTime.Now.ToString ("yyyy-MM-dd hh:mm:ss");
6.  }
```

【代码解读】

第 3、4 行：将系统当前用户、用户权限等信息显示在状态栏标签中。

第 5 行：获取系统当前时间，时间显示为"yyyy-MM-dd hh:mm:ss"的形式，如"2018-12-23 19:34:50"。

步骤五： 为系统主窗体添加背景图片，美化界面。

选中 FrmMain 主窗体，设置窗体的 BackGroudImage 属性，为窗体设置背景图片。当设置了背景图片后，将无法看到窗体背景变化，这受 IsMdiContainer 属性值的影响。当值为 true 时，表示窗体已成为 MDI 容器，设计阶段暂不显示窗体背景图片，背景图片会在程序运行时出现。关于 MDI（多文档界面）的知识，可参考本任务的"技术要点"。

步骤六： 保存并运行程序，主界面程序运行结果如图 4-6-12 所示。至此，本任务的系统主界面设计工作完成了。

图 4-6-12　主界面程序运行结果

 **技术要点**

1. MenuStrip 控件

在 Windows 程序开发中，菜单是用户与程序交互的首选工具。它描述着一个软件的大致功能和风格。所以在程序设计中处理好、设计好菜单，对软件开发成功有着重要的意义。

MenuStrip 控件是窗体菜单结构的容器，主要用于生成所在窗体的主菜单。

添加 MenuStrip 控件后，会在窗体上显示一个菜单栏，可以直接在此菜单栏上编辑各主菜单项及对应的子菜单项，也可以通过鼠标右击对应的菜单项修改。菜单的结构建立后，再为每个菜单项编写事件代码，即可完成窗体的菜单设计。

菜单主要由菜单项 MenuItem 对象组成，也可以在必要的情况下在菜单中添加文本框、组合框等。

MenuItem 菜单项属性如表 4-6-5 所示。

表 4-6-5　MenuItem 菜单项属性

属　　性	说　　明
Text	设置和获取菜单项文本
Enabled	指示菜单项是否可用

续表

属　性	说　明
Shortcut	与菜单项关联的快捷键设置，如"Alt+F4"组合键
Checked	指示选中标记是否出现在菜单项文本的旁边
Image	设置显示在菜单项文本旁边的图像
Visible	指示该菜单项是否可见

Text 属性表示菜单项的显示文本。如果在显示文本中加一个"&"字符，则表示其后的内容是快捷访问方式，"&"后面的字符将显示成具有下画线的形式，如"&File"显示为"File"，可以使用"Alt+F"组合键快捷访问菜单。本任务中的"管理(M)""查询(Q)"等主菜单项即采用了以上的设置方法。当 Text 属性中的文本为"-"时，表示此菜单项为一条横线，如图 4-6-13 所示，这一特性经常用于菜单显示的外观设计中。

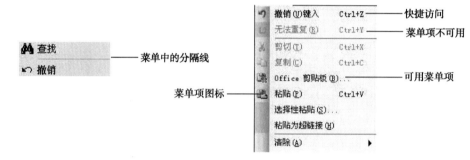

图 4-6-13　菜单项设置

2. ToolStrip 控件

为了使用方便，许多应用程序的菜单下方提供了一组附加的按钮，单击这些按钮可以激活最常用的功能，而不用使用菜单栏的菜单导航。这组按钮就是 ToolStrip（工具栏）。

ToolStrip 控件用来创建与 Office、IE 类似的或自定义外观和行为的工具栏及其他用户界面元素。这个工具栏控件十分强大，它可以将一些常用的控件单元作为子项放在工具栏中，通过各个子项同应用程序关联。常用的子项控件有 Button、Label、SplitButton、DropDownButton、Seperator、ComboBox、TextBox 和 ProgressBar 等。

ToolStrip 控件为 Windows 工具栏对象提供容器，表 4-6-6 是与 ToolStrip 关联的控件列表。

表 4-6-6　与 ToolStrip 关联的控件列表

控　件	描　述
ToolStripButton	表示一个按钮（带文本和不带文本）
ToolStripLabel	表示一个标签，它还可以显示图像
ToolStripSplitButton	表示一个右端带有"下拉列表"按钮的按钮，单击该"下拉列表"按钮，就会在它的下面显示一个菜单。如果单击控件的按钮部分，该菜单不会打开
ToolStripDropDownButton	类似于 ToolStripSplitButton，唯一的区别是去除了"下拉列表"按钮，代之以下拉数组图像。单击控件的任一部分，都会打开其菜单

164

控 件	描 述
ToolStripComboBox	表示一个组合框
ToolStripProgressBar	表示一个进度条
ToolStripTextBox	表示一个文本框
ToolStripSeparator	各个项之间的水平或垂直分隔符

ToolStrip 控件和 MeunStrip 控件一样，也具有专业化的外观和操作方式，当将 ToolStrip 控件添加到窗体时，其外观和 MenuStrip 控件很相似，只是在左侧多了纵向排列的 4 个点，这些点表示工具栏是可以移动的，可以停靠在父应用程序窗口中。默认情况下，工具栏显示的是图像，不是文本。

▶ 3. StatusStrip 控件

StatusStrip（状态栏）控件用于展示状态信息，它通常出现在窗体的底部。通过这个控件，应用程序能够显示不同种类的状态数据。

StatusStrip 控件用来产生一个 Windows 状态栏，它的功能十分强大，可以将一些常用的控件单元作为子项放在状态栏上，通过各个子项同应用程序产生关联。常用的子项控件有 StatusLabel、SplitButton、DropDownButton、ProgressBar 等。

▶ 4. MessageBox 消息框

在本任务步骤二"退出"菜单项的 Click 事件代码中，使用了 MessageBox.Show 方法弹出消息框。使用 Windows 应用程序时，经常看到这样的消息框，询问、警告及操作完成等消息都是通过它来告知用户的。消息框用来向用户显示系统消息或发出询问并获取用户响应，达到系统与用户交互的目的。

消息框是一个预定义的对话框，常常在 Windows 应用程序运行过程中向用户提供信息。C#中使用 MessageBox 类来表示消息框，它位于 System.Windows.Forms 命名空间。MessageBox 类提供了静态方法 Show 方法来显示消息框，用鼠标右击 Show 方法，执行"转到定义"菜单命令，可以看到这个方法有多个重载版本，如图 4-6-14 所示。通过调用不同版本的 Show 方法，可以产生不同形式的消息框，以满足向用户显示信息的各种不同要求。MessageBox 类的 Show 方法不同于窗体类的 Show 方法，它将显示一个模式对话框。

```
public static DialogResult Show(string text);
public static DialogResult Show(IWin32Window owner, string text);
public static DialogResult Show(string text, string caption);
public static DialogResult Show(IWin32Window owner, string text, string caption);
public static DialogResult Show(string text, string caption, MessageBoxButtons buttons);
public static DialogResult Show(IWin32Window owner, string text, string caption, MessageBoxButtons buttons);
```

图 4-6-14 MessageBox 类的 Show 方法

下面介绍几种常用的 Show 方法调用方式。

（1）MessageBox.Show(string text)。

该方法只在消息框中部显示参数 text 的消息内容，在内容下方显示一个"确定"按钮。例如，"MessageBox.Show("退出系统");"语句的执行结果如图 4-6-15 所示。

（2）MessageBox.Show(string text,string caption)。

该方法在消息框中部显示参数 text 的消息内容，在标题栏显示参数 caption 的消息标题，也会在消息内容下方显示一个"确定"按钮。例如，"MessageBox.Show("退出系统", "系统提示");"语句的执行结果如图 4-6-16 所示。

图 4-6-15　只显示消息内容的消息框　　　　　图 4-6-16　显示消息内容和标题的消息框

（3）MessageBox.Show(string text,string caption, MessageBoxButtons buttons)。

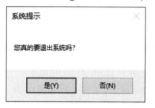

图 4-6-17　显示消息内容、标题和
钮的消息框

该方法除在消息框中部显示 text 的消息内容及在标题栏显示参数 caption 的消息标题外，还会根据第三个 MessageBoxButtons 类型的参数 buttons 的值将其表示的按钮呈现在消息框中。例如，"MessageBox.Show ("真的要退出系统吗?", "系统提示", MessageBoxButtons. YesNo);"语句的执行结果如图 4-6-17 所示。

参数列表中的第三个参数 buttons 的值必须是 MessageBoxButtons 类型枚举值中的一个，如表 4-6-7 所示。

表 4-6-7　MessageBoxButtons 类型枚举值

枚　举　值	说　　明
AbortRetryIgnore	消息框包含"中止"、"重试"和"忽略"三个按钮
OK	消息框仅包含"确定"按钮
OKCancel	消息框包含"确定"和"取消"两个按钮
RetryCancel	消息框包含"重试"和"取消"两个按钮
YesNo	消息框包含"是"和"否"两个按钮
YesNoCancel	消息框包含"是"、"重试"和"忽略"三个按钮

（4）MessageBox.Show(string text,string caption,MessageBoxButtons buttons, MessageBoxIcon icon)。

这个版本的 Show 方法在（3）的基础上添加了一个图标，通过设置 MessageBoxIcon 枚举类型参数来确定。例如，"MessageBox.Show("真的要退出系统吗?", "系统提示", MessageBoxButtons.YesNo);"语句的执行结果比图 4-6-17 中的消息框多了一个三角形的黄色警告图标，如图 4-6-18 所示。

和枚举类型 MessageBoxButtons 一样，枚举类型 MessageBoxIcon 也有多个枚举值，如表 4-6-8 所示。

图 4-6-18　显示消息内容、标题、
按钮及图标的消息框

表4-6-8 MessageBoxIcon 类型枚举值

枚 举 值	图 标 示 例
Error	❌
Question	❓
Information	ℹ️
Stop	❌
Warning	⚠️

更多关于 Show 方法的使用，可以参考微软 MSDN 的 MessageBox 类。

5. 多文档界面（MDI）应用程序

Windows 应用程序的用户界面主要分为两种形式：单文档界面（Single Document Interface，SDI）和多文档界面（Multiple Document Interface，MDI）。

单文档界面并不是指只有一个窗体界面，而是指应用程序的各窗体是相互独立的，它们在屏幕上独立显示、移动、最小化和最大化，与其他窗体无关。

多文档界面由多个窗体组成，但这些窗体不是独立的。它具有一个主窗体（父窗体），其他窗体称为子窗体，它们的活动范围仅限制在 MDI 父窗体内。一个父窗体可以有多个子窗体，但每个子窗体只能有一个父窗体。本书的"学生社团管理系统"就是一个 MDI 应用程序。

创建 MDI 应用程序的方法较为简单。假设程序中有两个窗体——Form1 和 Form2，首先将 MDI 父窗体 Form1 的 IsMdiContainer 属性设置为 True，接着通过代码将父窗体分配给其子窗体 Form2 对象的 MdiParent 属性，具体代码如下：

```
Form2 frm=new Form2();
frm. MdiParent=this;
frm.Show();
```

需要注意的是，不能将一个 IsMdiContainer 属性值为 False 的窗体分配给其他窗体的 MdiParent 属性，否则程序运行时会产生异常。

将这段代码写在窗体 Form1 的 Load 事件中，程序运行，就是一个多文档（MDI）界面，如图 4-6-19 所示。

图 4-6-19 多文档（MDI）界面

拓展学习

1. ContextMenuStrip 控件

除 MenuStrip 控件外，ContextMenuStrip（上下文菜单）控件在实际应用中也经常用到，如可以通过右击某个控件来弹出上下文菜单等，上下文菜单也被称为快捷菜单。图 4-6-20 是 Windows 中的快捷菜单。

上下文菜单为响应鼠标右击操作而弹出，并且包含用于应用程序特定区域的常用命令。创建上下文菜单与创建普通菜单的方法大致相同，但必须使上下文菜单与控件建立关联，方法是将该控件的 ContextMenuStrip 属性设置为一个 ContextMenuStrip 对象的名称，如图 4-6-21 所示。一个上下文菜单可以与多个控件关联，但一个控件只能有一个上下文菜单。

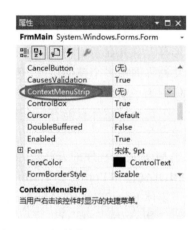

图 4-6-20　Windows 中的快捷菜单　　　　图 4-6-21　控件的 ContextMenuStrip 属性

下面举例说明 ContextMenuStrip 控件的使用方法。

首先，创建窗体 FrmContextMunuStrip，从"工具箱"面板中拖动一个文本框及两个 ContextMenuStrip 控件到窗体上。

接着，在两个 ContextMenuStrip 控件中分别添加菜单项，上下文菜单设计如图 4-6-22 所示。

图 4-6-22　上下文菜单设计

选中窗体中的文本框，将其 ContextMenuStrip 属性设置为 ContextMenuStrip1，选中

窗体，将其 ContextMenuStrip 属性设置为 ContextMenuStrip2，即将上下文菜单与控件关联，如图 4-6-23 所示。

图 4-6-23　将上下文菜单与控件关联

此时，运行程序可以发现：当用鼠标右击文本框时，弹出上下文菜单的菜单项是"复制""剪切""粘贴"；当右击窗体时，弹出上下文菜单的菜单项是"红色背景""蓝色背景"。

最后，编写代码实现程序功能，在各菜单项的 Click 事件响应方法中添加代码：

```
1.  private void 复制 ToolStripMenuItem_Click(object sender, EventArgs e)
2.  {
3.      textBox1.Copy();              //调用复制方法
4.  }
5.  private void 剪切 ToolStripMenuItem_Click(object sender, EventArgs e)
6.  {
7.      textBox1.Cut();               //调用剪切方法
8.  }
9.  private void 粘贴 ToolStripMenuItem_Click(object sender, EventArgs e)
10. {
11.     textBox1.Paste();             //调用粘贴方法
12. }
13. private void 红色背景 ToolStripMenuItem_Click(object sender, EventArgs e)
14. {
15.     this.BackColor = Color.Red;   //设置红色窗体背景
16. }
17. private void 蓝色背景 ToolStripMenuItem_Click(object sender, EventArgs e)
18. {
19.     this.BackColor = Color.Blue;  //设置蓝色窗体背景
20. }
```

▶2. 菜单和工具栏中插入标准项

如果我们所要做的应用与文件操作（如文件的打开、关闭、保存）、文本编辑等操作有关，那么可以通过向 MenuStrip 控件和 ToolStrip 控件中插入标准项的方法，快速添加菜单项。具体的操作方法是：右击以上两个控件，在快捷菜单中选择"插入标准项"

命令，菜单栏和工具栏将立即被填充，插入标准项后的窗体界面如图 4-6-24 所示。用户可以在此基础上进行修改和完善，通过编程实现各菜单项和快捷按钮的功能。

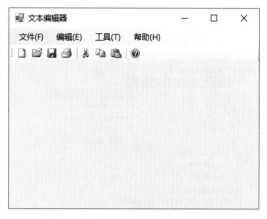

图 4-6-24　插入标准项后的窗体界面

编写一个程序，模拟 Windows 操作系统中自带的记事本或写字板程序界面，要求有菜单栏、工具栏、状态栏等，主要功能包括打开文件、保存文件、设置字体、设置背景色等。界面效果力求简洁大方，模拟记事本界面可参考图 4-6-25。

图 4-6-25　模拟记事本界面

任务 4.7　用户界面交互性提升

在本任务中，我们将对"社员信息管理"窗体做一些优化工作，提升窗体与用户之间的交互性。窗体界面基本不变，如图 4-7-1 所示。新增功能如下：

功能一：当用户输入"社员编号"等固定或限制长度及有使用规定字符集合的信息时，增加了即时提醒错误信息的功能；"社员编号"文本框要求输入的内容必须为 8 位数字。

功能二：在窗体左侧"社员列表"上方添加搜索文本框，输入姓名并按"Enter"键可实现精确查询功能。

图 4-7-1　优化后的"社员信息管理"窗体

 任务分析

分析"任务目标"中的需求，功能一是当用户使用键盘输入时，对输入信息进行检查和判断，功能二是当用户在搜索文本框中输入并确认时，系统进行查询操作。这两个功能都与键盘操作有关，可以利用键盘事件来处理。

 实现过程

下面实现"任务目标"功能一，即信息核查与验证。

步骤一：选中"社员编号"输入框 txtMemberID，按"F4"键打开"属性"面板。

步骤二：单击"属性"面板中的 ⚡ 按钮，切换到"事件"视图。

步骤三：在事件列表中，选择 KeyPress 事件，如图 4-7-2 所示。双击事件名称进入 KeyPress 事件响应方法编辑界面。

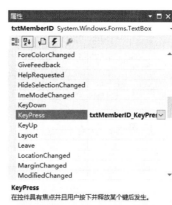

图 4-7-2　选择 KeyPress 事件

步骤四：在 KeyPress 事件响应方法中输入如下代码：

```
1.  private void txtMemberID_KeyPress(object sender, KeyPressEventArgs e){
2.      if(e.KeyChar!=8&&!char.IsDigit(e.KeyChar)&&e.KeyChar!=22&&e.KeyChar!=3)
3.      {
4.          //使用消息框给出提示
5.          MessageBox.Show("请输入数字","系统提示",
            MessageBoxButtons.OK,MessageBoxIcon.Information);
6.          e.Handled = true;
7.      }
8.  }
```

【代码解读】

第 2 行：判断用户输入的是否是数字，e.KeyChar 用来获取用户按键对应的字符，e.KeyChar!=8 表示将"Backspace（退格）"键排除，e.KeyChar!=3 和 e.KeyChar!=22 表示将"Ctrl+C"和"Ctrl+V"组合键排除，IsDigit 方法用于判断按键是否为数字。

第 6 行：设置事件处理程序以便完整处理事件。

步骤五：重复步骤一到步骤三的操作，在输入框的事件列表中选择 KeyUp 事件，在 KeyUp 事件响应方法中输入如下代码：

```
1.  private void txtMemberID_KeyUp(object sender, KeyEventArgs e)
2.  {
3.      if (txtMemberID.TextLength>8)
4.      {
5.          //使用消息框给出提示
6.          MessageBox.Show("社员编号长度为 8!", "系统提示", MessageBoxButtons.OK,
            MessageBoxIcon.Information);
7.          txtMemberID.Text = txtMemberID.Text.Substring(0, 8);
8.      }
9.  }
```

步骤六：继续在文本框 txtMemberID 的事件列表中，选择 Leave 事件，在 Leave 事件响应方法中输入如下代码：

```
1.  private void txtMemberID_Leave(object sender, EventArgs e)
2.  {
3.      if (txtMemberID.TextLength >0&&txtMemberID.TextLength < 8)
4.      {
5.          MessageBox.Show("社员编号长度为 8!", "系统提示", MessageBoxButtons.OK,
            MessageBoxIcon.Information);
6.          txtMemberID.Focus();
7.      }
8.  }
```

步骤七：保存并运行，文本框输入提示效果如图 4-7-3 所示。

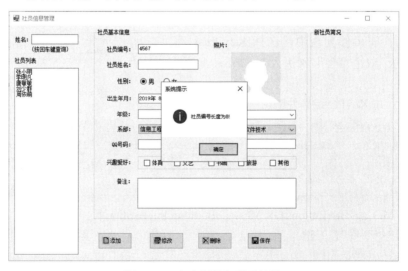

图 4-7-3　文本框输入提示效果

下面实现"任务目标"功能二，即社员查询。用户在文本框中输入待查找的成员姓名，按"Enter"键确定，系统将通过消息框给出查询结果。具体步骤如下：

步骤一： 创建搜索文本框 txtKey，打开"属性"面板后切换到"事件"视图。

步骤二： 在文本框事件列表中选择 KeyPress 事件，双击事件名称进入 KeyPress 事件响应方法，在 KeyPress 事件响应方法中输入如下代码：

```
1.   private void txtMemberNo_KeyPress(object sender, KeyPressEventArgs e)
2.   {
3.        bool find = false;
4.        if(e.KeyChar==13)
5.        {
6.            for (int i = 0; i < lstMemberList.Items.Count;i++ )
7.            {
8.                ClubMember cm = (ClubMember)lstMemberList.Items[i];
9.                if (cm.Name==txtKey.Text)
10.               {
11.                   find = true;
12.                   MessageBox.Show("找到社员" + txtKey.Text, "系统提示",
                      MessageBoxButtons.OK, MessageBoxIcon.Information);
13.                   lstMemberList.SelectedIndex = i;
14.                   break;
15.               }
16.           }
17.           if(find==false)
18.           {
19.               MessageBox.Show("未找到社员" + txtKey.Text, "系统提示",
                  MessageBoxButtons.OK, MessageBoxIcon.Information);
20.           }
21.       }
22.   }
```

步骤三： 保存文件并运行，成员查询结果如图 4-7-4 所示。

图 4-7-4　成员查询结果

至此，本任务用户界面的交互性得到了提升。通过键盘事件处理程序，可以实现对输入信息的正确性进行验证。这既为用户的操作提供了方便，也在一定程度上增强了程序的强壮性。

技术要点

> ▶ 键盘事件

键盘是计算机中除鼠标以外的最重要的人机交互工具，一般用于文本和数据的输入。键盘事件，顾名思义，是指与键盘相关的事件。当按下一个键时，会产生一个键盘事件。确切地说，它是指在控件有焦点的情况下，按下或松开键盘上的按键时会产生键盘事件。控件的键盘事件共有 3 种，分别是 KeyDown、KeyPress 和 KeyUp。当按下任意键时，会发生 KeyDown 事件；当按下具有 ASCII 码的键时，会发生 KeyPress 事件；当按下的键被释放时，就会发生 KeyUp 事件。ASCII 码是一个含有 128 个字母符号的字符集。它不仅包含标准键盘上的字符、数字和标点符号，还包含一部分控制键，但当按下诸如功能键（F1~F12）、编辑键（Delete、Insert）及其他常用键（Shift、Alt 和 Ctrl）时，不会触发 KeyPress 事件，因为它们不具有 ASCII 码。

当用户按下某个键时，KeyDown 事件会先于 KeyPress 事件发生。下面分别介绍这三个键盘事件。

（1）KeyPress 事件。

当用户按下某个 ASCII 字符键时，会引发当前具有焦点的控件对象的 KeyPress 事件。和本任务中实现的功能类似，我们常常在实际应用中需要知道用户所按下的键，KeyPress 事件接收一个 KeyPressEventArgs 类型的参数，通过它可以判断用户按下的是哪个键。

KeyPressEventArgs 参数包含重要的属性 KeyChar，如表 4-7-1 所示。它是一个字符类型的属性，我们可以通过它获取按键对应的字符。

表 4-7-1　KeyPressEventArgs 参数属性

属　　性	说　　明
KeyChar	获取用户按键对应的字符

在本任务功能一步骤四的代码中，可以看到语句中出现多次 e.KeyChar，这里的 e 就是 KeyPressEventArgs 类型的参数。如果要判断按键是否为"Enter"（回车）键，则可以在 KeyPress 键盘事件中书写代码：

```
if(e.KeyChar=='\n')
    MessageBox.Show("您按下了回车键");
```

也可以这样写：

```
if(e.KeyChar==13)            //回车键的 ASCII 码值为 13
    MessageBox.Show("您按下了回车键");
```

KeyPress 事件的使用更为简单一些，所以在实际应用中，能够用 KeyPress 事件解决的问题，就尽量不用 KeyDown 或 KeyUp 事件。

（2）KeyDown 事件和 KeyUp 事件。

KeyDown 事件和 KeyUp 事件会在按下任意键时，接收一个 KeyEventArgs 类型的参数，该参数包含多个重要的属性，可以通过这些属性的值获取当前按键的相关信息。KeyEventArgs 参数属性如表 4-7-2 所示。

表 4-7-2　KeyEventArgs 参数属性

属　　性	说　　明
Alt	获取一个值，该值指示是否曾按下 "Alt" 键
Control	获取一个值，该值指示是否曾按下 "Ctrl" 键
Shift	获取一个值，该值指示是否曾按下 "Shift" 键
Handled	获取或设置一个布尔值，指示是否处理过此事件
KeyCode	获取键盘 KeyDown、KeyUp 事件的键盘代码
KeyData	获取键盘 KeyDown、KeyUp 事件的键数据
KeyValue	获取键盘 KeyDown、KeyUp 事件的键盘整数值

表 4-7-2 中的 KeyCode 属性值为 Keys 枚举类型值，Keys 枚举值如表 4-7-3 所示，可以发现，键的 ASCII 码值和其对应的 Keys 枚举值在数值上是相同的。

表 4-7-3　Keys 枚举值

枚 举 成 员	说　　明	值
A～Z	A 键～Z 键	65～90
D0～D9	0 键～9 键	48～57
Back	Backspace 键	8
Delete	Delete 键	46
Space	Space 键	32
End	End 键	35
Enter	Enter 键	13
Escape	Esc 键	27
Left	←键	37
Up	↑键	38
Right	→键	39
Down	↓键	40

表 4-7-4 中列举了一些按键所对应的 KeyEventArgs 参数的各属性值。

表 4-7-4　部分按键的属性值

按键	KeyCode	KeyValue	KeyChar	Shift	Alt	Ctrl
A 键	A	65	65	false	false	false
2 键	D2	50	50	false	false	false
F1 键	F1	112	无	false	false	false
Shift 键	ShiftKey	16	无	true	false	false
Esc 键	Escape	27	27	false	false	false

在 KeyDown 和 KeyUp 事件中，如果希望判断用户是否曾使用了包括"Shift"、"Ctrl"或"Alt"在内的组合键，可通过参数 e 的 Control、Shift 和 Alt 属性判断。如：

```
if(e.Control&&e.Shift)   //如果使用了"Ctrl+Shift"的组合键
    this.Close();
```

KeyDown 和 KeyUp 事件的重要功能之一就是能够处理组合按键动作，这也是它们与 KeyPress 事件的主要不同点之一。

拓展学习

▶ 鼠标事件

鼠标事件是指用户操作鼠标时，鼠标与控件或窗体交互时所触发的事件，如单击鼠标左右键、鼠标移动。C#支持的鼠标事件包括：MouseDown、MouseUp、MouseMove、MouseEnter、MouseLeave 等，这些事件往往在一次鼠标操作中依次发生，如对按钮进行一次 Click 操作，鼠标事件的发生顺序如下。

MouseEnter：当鼠标指针进入控件时发生。

MouseMove：当鼠标指针在控件上移动时发生。

MouseDown：当用户在控件上按下鼠标键时发生。

MouseUp：当用户在控件上按下的鼠标键被释放时发生。

MouseLeave：当鼠标指针离开控件时发生。

当鼠标事件发生时，如果鼠标指针位于窗体就由窗体识别鼠标事件；如果鼠标指针位于控件上，就由控件识别。如果按下鼠标不放，则对象将继续识别所有鼠标事件，直到用户释放鼠标为止（即使指针离开对象仍继续识别）。

与键盘事件类似，鼠标事件响应方法接收类型为 object 和 MouseEventArgs 的两个参数，如图 4-7-5 所示。类型为 object 的参数提供对引发事件对象的引用，类型为 MouseEventArgs 的参数是要处理的事件对象，通过引用该对象的属性可以获得一些信息。

```
private void Form1_MouseMove(object sender, MouseEventArgs e)
{
    |
}
```

图 4-7-5　鼠标事件响应方法的参数

（1）MouseDown 和 MouseUp 事件。

MouseDown 和 MouseUp 事件在按下和释放鼠标键时触发。这两个鼠标事件与 Click 事件有所区别，Click 事件属于层次较高的逻辑事件，而鼠标事件的级别相对较低，它可以通过 MouseEventArgs 参数区分鼠标的左、右、中键及按键次数等，且可识别和响应各种鼠标状态。表 4-7-5 列出了 MouseEventArgs 参数的常用属性。

表 4-7-5　MouseEventArgs 参数的常用属性

属　　性	说　　明
Button	获取曾按下的鼠标键情况，其值为 MouseButtons 的枚举值之一，如表 4-7-6 所示
Clicks	获取按下并释放鼠标键的次数
Delta	获取鼠标轮已转动的制动器数的有关符号计数。制动器是鼠标轮的一个凹口

续表

属 性	说 明
X	获取鼠标位置的 X 坐标
Y	获取鼠标位置的 Y 坐标

表 4-7-6　MouseButtons 枚举值

枚 举 值	说 明
Left	鼠标左键曾按下
Middle	鼠标中键曾按下
Right	鼠标右键曾按下
None	未曾按下鼠标键

下面通过示例 4.7.1，介绍鼠标 MouseDown 事件的使用方法。

示例 4.7.1： MouseDown 事件示例。

本实例实现的功能是，当程序运行时：单击鼠标左键，窗体的背景色变为红色；双击鼠标右键，窗体的背景色变成蓝色，运行效果如图 4-7-6 所示。

图 4-7-6　示例 4.7.1 运行效果

创建一个新窗体，然后选中该窗体，进入它的 MouseDown 事件响应方法编辑界面，在方法中编写如下代码：

```
1.  private void Form1_MouseDown(object sender, MouseEventArgs e)
2.  {
3.      if (e.Button == MouseButtons.Left && e.Clicks == 1)
4.      {
5.          this.BackColor = Color.Red;
6.      }
7.      if (e.Button == MouseButtons.Right && e.Clicks == 2)
8.      {
9.          this.BackColor = Color.LightBlue;
10.     }
11. }
```

（2）MouseEnter、MouseLeave 和 MouseMove 事件。

当鼠标指针进入控件和离开控件时触发 MouseEnter、MouseLeave 事件，当鼠标在控件区域并移动时，将触发 MouseMove 事件。当需要知道当前鼠标所在位置时，可通过 MouseEventArgs 参数的 X 和 Y 属性获取。

示例 4.7.2 演示了 MouseEnter、MouseLeave 和 MouseMove 这三个鼠标事件的响应方法，示例程序的运行效果如图 4-7-7 所示。

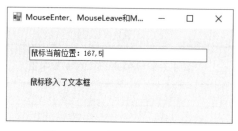

图 4-7-7　示例 4.7.2 运行效果

创建窗体 frmMouseEvent，在窗体中创建文本框 txtMousePosition 和标签 lblMessage，分别在窗体和文本框的鼠标事件中编写如下代码：

```
1.  private void FrmMouseEvent_MouseMove(object sender, MouseEventArgs e)
2.  {
3.      txtMousePosition.Text = "鼠标当前位置：" + e.X.ToString()+","+e.Y.ToString();
4.  }
5.  private void txtMousePosition_MouseMove(object sender, MouseEventArgs e)
6.  {
7.      txtMousePosition.Text = "鼠标当前位置：" + e.X.ToString() + "," + e.Y.ToString();
8.  }
9.  private void txtMousePosition_MouseEnter(object sender, EventArgs e)
10. {
11.     lblMessage.Text = "鼠标移入了文本框";
12. }
13. private void txtMousePosition_MouseLeave(object sender, EventArgs e)
14. {
15.     lblMessage.Text = "鼠标移出了文本框";
16. }
```

在程序运行过程中，当鼠标在文本框外部的窗体和在文本框内移动时，文本框中的数值，即鼠标当前的 X 和 Y 坐标值并不连续。其原因是：鼠标位置的 X 和 Y 值是相对鼠标所在控件而言的，当鼠标在窗体中时，以窗体左上角为原点，而当鼠标移入文本框时，以文本框的左上角为原点。

（3）鼠标事件综合应用。

有时为了实现风格独特的窗体，会使用没有标题栏的窗体。前面介绍过，可以将窗体的 FormBorderStyle 属性设置为 None。但随之而来的问题是窗体的标题栏不存在了，我们无法通过标题栏来拖动窗体了。此时，可以通过正确使用鼠标事件并结合相应代码实现窗体的拖动效果，具体实现方法如示例 4.7.2 所示。

示例 4.7.2：鼠标事件实现窗体拖动效果。

创建一个新窗体并将其 FormBorderStyle 属性值设置为 None，无边框的窗体如图 4-7-8 所示。

首先，定义窗体级变量 mouseOff 和 startDrag，代码如下：

```
Point mouseOff;                        //鼠标移动位置变量
bool startDrag;                        //鼠标是否开始被拖动
```

图 4-7-8　无边框的窗体

接下来，选中窗体，在它的 MouseDown、MouseMove 和 MouseUp 事件中分别编写如下代码：

```
1.  //窗体 MouseDown 事件
2.  private void FrmNoBorder_MouseDown(object sender, MouseEventArgs e)
3.  {
4.      if (e.Button == MouseButtons.Left)
5.      {
6.          mouseOff = new Point(-e.X, -e.Y);          //得到变量的值
7.          startDrag = true;        //鼠标左键被按下时标注为 true，表示开始被拖动；
8.      }
9.  }
10. //窗体 MouseMove 事件
11. private void FrmNoBorder_MouseMove(object sender, MouseEventArgs e)
12. {
13.     if (startDrag)
14.     {
15.         Point mouseSet = Control.MousePosition;
16.         mouseSet.Offset(mouseOff.X, mouseOff.Y);      //设置移动后的位置
17.         this.Location = mouseSet;
18.     }
19. }
20. //窗体 MouseUp 事件
21. private void FrmNoBorder_MouseUp(object sender, MouseEventArgs e)
22. {
23.     if (startDrag)
24.     {
25.         startDrag = false;        //释放鼠标后标注为 false，结束拖动；
26.     }
27. }
```

上述代码中，Control.MousePosition 是指窗体上的鼠标相对于屏幕的位置。当鼠标移动时，根据窗体原点与鼠标相对窗体位置的偏移量 mouseOff，设置窗体的当前位置 this.Location，就可实现窗体跟随鼠标移动的效果。

训练任务

完成"社员信息管理"窗体中"QQ 号码"和"手机号码"的规范性检验功能，相关文本框如图 4-7-9 所示。其中，"QQ 号码"的输入要求是必须为数字，位数不限；"手机号码"的输入要求是必须为 11 位数字。

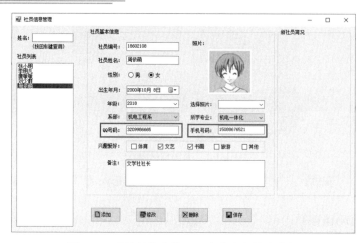

图 4-7-9 "社员信息管理"窗体中相关文本框

任务 4.8 窗体连接与数据传递

任务目标

本任务将实现窗体间的连接，以及它们之间的数据传递。

（1）实现"欢迎"窗体（FrmWelcome）与"用户登录"窗体（FrmLogin）之间的连接。当系统运行后，系统欢迎界面在屏幕上停留三秒，随后自动转入用户登录界面，如图 4-8-1 所示。

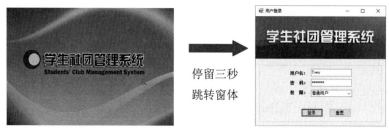

图 4-8-1 "欢迎"窗体和"用户登录"窗体间的连接

（2）"用户登录"窗体（FrmLogin）与系统主窗体（FrmMain）之间的连接。当用户登录后，系统转入主界面，同时将当前用户名和权限显示在状态栏内，它们之间的数据传递效果如图 4-8-2 所示。根据当前用户权限提供的可用菜单项，表 4-8-1 中对两类用户的功能模块进行了权限分配。

图 4-8-2 登录窗体和主窗体间数据传递效果

表 4-8-1　用户权限分配

功能模块	子模块	角色	
		普通用户	管理员
管理	社团管理		⊙
	社员管理	⊙	
	活动管理	⊙	
	用户管理		⊙
查询	社团查询	⊙	⊙
	社员查询	⊙	⊙
	活动查询	⊙	⊙
考勤	考勤管理	⊙	
	考勤统计	⊙	

 任务分析

　　对于"欢迎"窗体（FrmWelcome）与"用户登录"窗体（FrmLogin）之间的连接实现，可以借鉴在一个窗体中显示另一个窗体的方法。在本任务中，"用户登录"窗体弹出后，"欢迎"窗体将消失，这可以通过隐藏窗体来实现，如何让窗体在屏幕中停留 3 秒呢？这里将用到 Timer 控件。

　　"用户登录"窗体（FrmLogin）与主窗体（FrmMain）之间的连接也可以通过上述方法实现，窗体之间的数据传递方法比较多，本任务使用静态变量来实现。

实现过程

　　先实现"欢迎"窗体与"用户登录"窗体间的连接。

步骤一： 为"欢迎"窗体创建一个 Timer 控件并设置属性。

（1）创建一个 Timer 控件。

　　打开"欢迎"窗体，从"工具箱"面板的"组件"列表中选择 Timer 控件，拖放到主界面中，如图 4-8-3 所示。

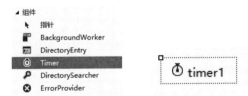

图 4-8-3　拖放 Timer 控件

（2）按照表 4-8-2 设置 Timer 控件属性。

表 4-8-2　Timer 控件属性设置

属　性	属　性　值	说　明
Name	timer1	控件名称为 timer1
Enabled	True	控件可用
Interval	3000	每次计时间隔 3000 毫秒

步骤二：为 Timer 控件编写事件代码。

选中 timer1 控件，单击"属性"面板上的 ⚡ 按钮，在事件列表中选择该控件唯一的事件 Tick，如图 4-8-4 所示。

图 4-8-4　Timer 控件的 Tick 事件

双击事件名称进入 timer1 控件的 Tick 事件编辑界面，在 Tick 事件的处理方法中添加如下代码：

```
1.  private void timer1_Tick(object sender, EventArgs e)
2.  {
3.      timer1.Enabled= false;                      //timer1 控件停止工作
4.      FrmLogin frmLogin = new FrmLogin();          //创建登录窗体对象
5.      frmLogin.Show();                             //显示登录窗体
6.      this.Hide();                                 //隐藏当前窗体
7.  }
```

将"欢迎"窗体 FrmWelcome 设置为程序的启动窗体，运行程序，窗体在屏幕中停留三秒后，跳转到"用户登录"窗体。

接着实现"用户登录"窗体与系统主窗体之间的连接和数据传递，将用户信息显示在主界面的状态栏中。

步骤一：定义窗体级静态变量，用于保存窗体间传递的数据。

打开"用户登录"窗体中"登录"按钮的 Click 事件响应方法编辑界面，原有代码如下：

```
1.  private void btnLogin_Click(object sender, EventArgs e)
2.  {
3.      string   username= txtUserName.Text;
4.      string   password= txtPassword.Text;
5.      string   role=cmbRole.Text;
6.      if (username== "" || password == "")
7.      {
8.          lblMessage.Text = "请输入用户名和密码!";
9.          return;
10.     }
11.     if (username== "Tomy" && password == "123456"&& role == "普通用户"
        || username == "Admin" && password == "Admin" && role == "管理员")
12.     {
13.         lblMessage.Text = "登录成功!";
14.     }
15.     else
16.     {
```

182

```
17.                lblMessage.Text = "用户名或密码错误!";
18.        }
19. }
```

在上述方法的外部定义两个字符串类型的窗体级静态变量 uname 和 role，用于保存当前用户的用户名及角色（权限），代码如下：

```
public static string urole;              //静态字段 role，用户角色
public static string uname;              //静态字段 uname，用户名
```

步骤二： 对"登录"按钮的 Click 事件响应方法中原有代码略作修改。

在第 11 行开始的 if 语句中，将语句"lblMessage.Text = "登录成功!";"替换成下面的代码：

```
urole = cmbRole.Text.Trim();             //获取用户角色
uname = username;                        //获取用户名
FrmMain frmmain = new FrmMain();
frmmain.Show();
this.Hide();
```

"登录"按钮 Click 事件响应方法修改后的全代码如下：

```
1.  public static string urole;              //静态字段 role，用户角色
2.  public static string uname;              //静态字段 uname，用户名
3.  private void btnLogin_Click(object sender, EventArgs e)
4.  {
5.      string    username= txtUserName.Text;
6.      string    password= txtPassword.Text;
7.      string    role=cmbRole.Text;
8.      if (username== "" || password == "")
9.      {
10.         lblMessage.Text = "请输入用户名和密码!";
11.         return;
12.     }
13.     if (username== "Tomy" && password == "123456"&& role =="普通用户"
        username == "Admin" && password == "Admin" && role == "管理员")
14.     {
15.         urole = cmbRole.Text.Trim();
16.         uname = username;
17.         FrmMain frmmain = new FrmMain();
18.         frmmain.Show();
19.         this.Hide();
20.     }
21.     else
22.     {
23.         lblMessage.Text = "用户名或密码错误!";
24.     }
25. }
```

步骤三： 在主窗体 FrmMain 的状态栏中显示用户登录信息。

打开系统主窗体 FrmMain，窗体 Load 事件的原有代码如下：

```
1.  private void FrmMain_Load(object sender, EventArgs e)
2.  {
```

```
3.      statusStriplblUserName.Text = "当前用户：Tomy";
4.      statusStriplblRole.Text ="用户权限：普通用户";
5.      statusStriplblTime.Text = "系统当前时间："+
        System.DateTime.Now.ToString("yyyy-MM-dd hh:mm:ss");
6.  }
```

修改第 3、4 行的代码，通过读取"用户登录"窗体中定义的静态变量 uname 和 role 的值，将登录信息显示在主窗体状态栏中，修改后的代码如下：

```
1.  private void FrmMain_Load(object sender, EventArgs e)
2.  {
3.      statusStriplblUserName.Text ="当前用户："+FrmLogin.uname;
4.      statusStriplblRole.Text ="用户权限：" + FrmLogin.urole;
5.      statusStriplblTime.Text = "系统当前时间："+
        System.DateTime.Now.ToString ("yyyy- MM-dd hh:mm:ss");
6.  }
```

步骤四： 实现状态栏中系统当前时间的动态显示。

（1）从"工具箱"面板的"组件"列表中选择 Timer 控件，拖放到主界面中。

（2）将 Timer 控件的 Enabled 属性设置为 True，使控件有效；将 Interval 属性设置为 1000，每次计时间隔为 1000 毫秒，即 1 秒。

（3）选中 Timer 控件，双击进入 Tick 事件编辑界面，在 Tick 事件处理方法中添加如下代码：

```
1.  private void timer1_Tick(object sender, EventArgs e)
2.  {
3.      statusStriplblTime.Text = "系统当前时间："+
        System.DateTime.Now.ToString("yyyy-MM-dd hh:mm:ss");
4.  }
```

步骤五： 编程实现"根据用户角色设置菜单可用项"功能。

打开主窗体的代码视图，添加两个自定义方法 SetAdminMenu()和 SetUserMenu()，分别用来设置管理员用户和普通用户的可用菜单项。

```
1.  public void SetAdminMenu()      //自定义方法：设置管理员菜单
2.  {
3.      社员管理 ToolStripMenuItem.Visible = false;
4.      活动管理 ToolStripMenuItem.Visible = false;
5.      考勤 ToolStripMenuItem.Visible = false;
6.      toolStripBtnAttendance.Visible = false;
7.      toolStripBtnActivity.Visible = false;
8.  }
9.
10. public void SetUserMenu()       //自定义方法：设置普通用户菜单
11. {
12.     社团管理 ToolStripMenuItem.Visible= false;
13.     用户管理 ToolStripMenuItem.Visible= false;
14. }
```

在窗体的 Load 事件中调用方法，代码是：

```
1.  private void FrmMain_Load(object sender, EventArgs e)
2.  {
```

184

```
3.    statusStriplblUserName.Text = "当前用户： "+FrmLogin.uname;
4.    statusStriplblRole.Text ="用户权限： "+FrmLogin.role;
5.    statusStriplblTime.Text = "系统当前时间： "
      + DateTime.Now.ToString("yyyy-MM-dd hh:mm:ss");
6.    //设置用户菜单
7.    switch (FrmLogin.role)
8.    {
9.        case "管理员": SetAdminMenu(); break;
10.       case "普通用户": SetUserMenu(); break;
11.   }
12. }
```

步骤六： 运行程序，在"用户登录"界面输入账号，进入普通用户主界面，如图 4-8-5 所示。

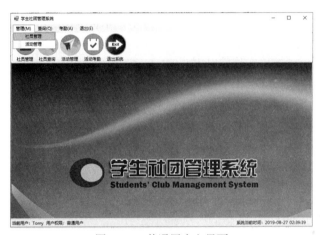

图 4-8-5 普通用户主界面

至此，本任务的功能已经实现，需要注意的是，用户登录功能测试中依然使用固定账户进行。而实际开发中，这应当结合数据库的访问来实现，后续项目将会介绍与此相关的知识和技术。

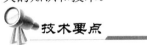

技术要点

❯ 1. Timer 控件

在本任务中，两次用到了 Timer 控件。下面对这个控件进行相关介绍。

Timer 控件被称为时钟控件或计时器，它可以间隔一段时间执行一次代码。只在程序设计过程中可见，在程序运行时不可见，是一个后台运行的控件。

Timer 控件的属性比较少，如表 4-8-3 所示。

表 4-8-3　Timer 控件属性

属　　　性	说　　　明
Name	控件名称
Enabled	获取或设置计时器是否正在运行
Interval	计时器每次开始计时之间的毫秒数，默认为 100

Timer 控件的属性既可以在设计阶段设置，也可以在程序运行过程中设置，如：

```
timer1.Enabled=true;
timer1.Interval=500;
```

Timer 控件的主要方法有 Start()和 Stop()，Start 方法用于打开 Timer 控件，并自动将 Enabled 属性值设置为 true；Stop 方法用于关闭 Timer 控件，并自动将 Enabled 属性值设置为 False。

Timer 控件的默认事件是 Tick。在程序设计过程中，需要先设置 Interval 属性的值，再在 Timer 控件的 Tick 事件中编写代码。每间隔 Interval 属性中设置的时间一次，Tick 事件中的代码就重复执行一次。将语句 " lblTime.Text = "系统当前时间"+ System.DateTime.Now.ToString ("yyyy-MM-dd hh:mm:ss");" 写在 Timer 控件的 Tick 事件响应方法中，并将 Timer 控件的 Interval 属性值设置为 1 秒，这样每间隔 1 秒，状态栏标签中的时间就更新一次，达到了时间动态变化的效果。

Timer 控件可以用在很多与计时相关的场合中，示例 4.8.1 是一个使用 Timer 控件实现倒计时效果的例子。

示例 4.8.1：Timer 控件实现倒计时。

在窗体中设置 Label、Button、Timer 等控件，Timer 控件的 Enabled 属性值设置为 false，Interval 属性值设置为 1000，倒计时效果如图 4-8-6 所示。在按钮的 Click 事件和 Timer 控件的 Tick 事件中分别添加代码：

```
1.  private void btnStart_Click(object sender, EventArgs e)      //按钮 btnStart 的 Click 事件
2.  {
3.      timer1.Enabled = true;
4.  }
5.  private void timer1_Tick(object sender, EventArgs e)          //Timer 控件的 Tick 事件
6.  {
7.      lblNumber.Text = (int.Parse(lblNumber.Text) - 1).ToString();
8.      if (lblNumber.Text == "0")
9.      {
10.         timer1.Enabled = false;
11.         MessageBox.Show("倒计时结束");
12.     }
13. }
```

图 4-8-6　倒计时效果

在本示例中，如需调整倒计时数字变化的频率，只要改变 Timer 控件的 Interval 属性值即可。

2. 使用静态变量在窗体间传递数据

窗体间的数据传递，是 Windows 窗体应用程序开发中常遇的问题。本任务采用了静态变量来传递数据，具体思路是假设在同一个程序集中有多个窗体，如 Form1、Form2、Form3 等，在 Form1 或其他类中声明一个静态变量，如：

```
class Form1:Form
{
    public static int internalVar;
}
```

然后，Form1 及其他窗体的实例就可以方便地访问 Form1.internalVar 这个变量了。

使用静态变量在窗体间传递数据的好处在于能发挥静态变量的优势，只需要很少量的代码就能解决问题。但是，多个窗体共同访问时静态变量的使用也容易导致混乱，并且数据在两个窗体类的多个实例之间传递的时候不具有相互独立性，在使用的时候应特别注意。在"拓展学习"部分将向读者介绍窗体间数据传递的其他方法。

拓展学习

窗体间数据传递的其他方法

除了使用静态变量，还有多种方法可以实现窗体间的数据传递，下面通过示例 4.8.2 介绍其他几种常用的方法。

示例 4.8.2：窗体间的数据传递。

已有两个窗体 Form1 和 Form2，Form1 中有文本框 txtUserName1 和按钮 btnLogin，窗体 Form2 中有文本框 txtUserName2，传递数据的两个窗体如图 4-8-7 所示。

图 4-8-7　传递数据的两个窗体

实现方法一：属性定义法。

（1）在窗体 Form2 中定义一个公有属性 Uname，代码如下：

```
1.  public partial class Form2 : Form
2.  {
3.      public Form2()
4.      {
5.          InitializeComponent();
6.      }
7.      private string uname;
```

```
8.        public string Uname      //自定义属性
9.        {
10.           get { return uname; }
11.           set { uname = value; }
12.       }
13. }
```

（2）在窗体 Form1 的"登录"按钮的 Click 事件中编写代码，创建 Form2 的实例并显示 Form2 窗体，同时为其属性 Uname 赋值，代码如下：

```
1.  private void btnLogin_Click(object sender, EventArgs e)
2.  {
3.        Form2 frm2 = new Form2();
4.        frm2.Uname = txtUserName1.Text;
5.        frm2.Show();
6.  }
```

（3）在窗体 Form2 的 Load 事件中编写显示传递过来的数据的语句，代码如下：

```
14.  private void Form2_Load(object sender, EventArgs e)
15.  {
16.        txtUserName2.Text =this. Uname;
17.  }
```

方法一的优点在于独立性比较好，主动方只要在数据传递前获得 Form2 的实例 frm2 就可以访问 frm2 的 Uname 属性。

实现方法二：构造函数法。

（1）在窗体 Form2 中的定义一个带参构造函数，代码如下：

```
1.  public partial class Form2 : Form
2.  {
3.        public Form2()      //原有无参构造函数
4.        {
5.             InitializeComponent();
6.        }
7.        public Form2(string uname) //带参构造函数
8.        {
9.             InitializeComponent();
10.           txtUserName2.Text = uname; //为文本框赋值
11.       }
12.       …
13. }
```

（2）在窗体 Form1 的"登录"按钮的 Click 事件中编写代码，使用带参构造函数 Form2(string uname)创建 Form2 的实例并显示 Form2 窗体，代码如下：

```
1.  private void btnLogin_Click(object sender, EventArgs e)
2.  {
3.        Form2 frm = new Form2(txtUserName1.Text);
4.         frm.Show();
5.  }
```

注意：方法二具有很高的独立性，如果构造函数参数传递的不是引用类型变量，那么只能实现单向传送；此外，此法只能在实例初始化的时候传送。

项目小结

本项目实现了学生社团管理系统的主要窗体设计，结合项目任务介绍了 Windows 应用程序中常用控件的使用，如 Button 控件、TextBox 控件、Label 控件、ListBox 控件等，在每个任务后的技术要点中还有相关示例作为补充。在最后两个任务中还介绍了鼠标事件、键盘事件及窗体中数据传递的方法，希望读者能掌握并灵活应用这些知识和技术。

系统数据管理

数据库操作是计算机应用软件开发中的重要部分，平常使用的应用软件几乎都离不开数据的存取操作，而这种操作一般都是通过访问数据库来实现的。在软件开发中，可以使用多种不同的数据库管理系统，常用的有 MS SQL Server、Oracle、DB2、Sybase 等。为使用户能够访问数据库服务器上的数据，就需要使用数据库访问技术，ADO.NET 就是这种技术之一。本项目将实现"学生社团管理系统"与数据库的对接，实现系统的数据管理功能。

学习重点：

☑ 了解 ADO.NET 的功能与组成；

☑ 能正确使用 Connection 对象；

☑ 能正确使用 Command 对象；

☑ 了解数据集 DataSet；

☑ 能使用数据适配器填充数据；

☑ 掌握数据网格控件 DataGridView 的使用。

本项目任务总览：

任 务 编 号	任 务 名 称
5.1	系统三层框架搭建
5.2	创建数据库连接
5.3	用户登录实现
5.4	浏览社员列表
5.5	查看社员详情
5.6	添加社员
5.7	删除、修改社员
5.8	社团活动考勤

任务 5.1　系统三层框架搭建

任务目标

当前，大多数企业级的系统开发都采用多层架构，最常见的是三层架构。本任务中，将介绍系统三层框架的搭建方法，在"学生社团管理系统"已有基础上进行整理和补充，构建包括数据访问层、业务逻辑层和表现层的三层开发结构。

任务分析

三层架构通常将项目整个业务应用划分为表现层（UI）、业务逻辑层（BLL）和数据访问层（DAL），如图 5-1-1 所示。区分层次的目的是"高内聚，低耦合"。各层的具体作用如下。

图 5-1-1　三层架构

表现层（UI）：通俗地讲就是展现给用户的界面，即用户使用一个系统时的所见所得。

业务逻辑层（BLL）：针对具体问题的操作，也可以理解为对数据层的操作，即对数据业务逻辑进行处理。

数据访问层（DAL）：该层可以直接操作数据库，如对数据的增添、删除、修改、查找等。

日常开发的很多情况下为了复用一些共同的东西，会把各层都用的一些东西抽象出来。例如，将数据对象实体和方法分离，以便在多个层中传递。一些共性的通用辅助类和工具方法，如数据校验、缓存处理、加解密处理等，也单独分离出来，作为独立的模块被各层复用。

 实现过程

步骤一： 创建解决方案。

打开 Visual Studio 软件，通过"文件 | 新建项目"菜单命令新建一个空白解决方案，如图 5-1-2 所示。由于"学生社团管理系统"已创建了解决方案 StudentClubMis，这里不再重复。

图 5-1-2　新建空白解决方案

步骤二： 添加实体类库项目 Model。

在解决方案资源管理器中，右击解决方案的名称，从快捷菜单中选择"添加 | 新建项目"命令，选择"类库"，添加实体类库项目 Model，如图 5-1-3 所示。"学生社团管理系统"已在任务 3.1 中创建了的类库项目 Model，该类库项目包含系统开发的所有实体类。所谓实体类，简单地说就是描述一个业务实体的类，即整个应用软件系统所涉及的对象，如学生、班级等都属于业务实体，从数据的存储来讲，业务实体就是存储应用系统信息的数据表，我们将每一个数据表中的字段定义成属性，并将这些属性用一个类封装，这个类就称为实体类。

步骤三： 创建数据库访问接口类库项目 IDAL。

（1）在解决方案资源管理器中，右击解决方案名称，选择"添加 | 新建项目"命令，添加类库 IDAL。

图 5-1-3　添加实体类库项目 Model

（2）右击项目名称 IDAL，选择"添加 | 引用"命令，添加项目 IDAL 对实体类项目 Model 的引用，在如图 5-1-4 所示的对话框中，单击"项目"节点，选择"Model"项目。

（3）右击项目名称 IDAL，添加接口文件等。

"学生社团管理系统"的 IDAL 项目也已创建完成。

图 5-1-4　"引用管理器-IDAL"对话框

步骤四：创建数据访问层——DAL 类库项目。

（1）右击解决方案名称，选择"添加 | 新建项目"命令，添加类库项目 DAL。

（2）右击项目名称 DAL，添加项目 DAL 对实体类项目 IDAL、Model 的引用。

（3）右击项目名称 DAL，添加实体类 UserService.cs、MemberService.cs 等。

步骤五：创建业务逻辑层——BLL 类库项目。

（1）右击解决方案名称，选择"添加 | 新建项目"命令，添加业务逻辑层类库 BLL。

（2）右击项目名称 BLL，添加项目 BLL 对数据访问层 DAL、实体类项目 Model 的引用。

（3）右击项目名称 BLL，添加类 UserManager.cs、MemberManage.cs 等。

步骤六：创建表示层——Windows 窗体应用程序。

（1）右击解决方案名称，选择"添加 | 新建项目"命令，添加表示层 Windows 窗体应用程序项目 WindowsForms。

（2）右击 WindowsForms 项目名称，添加该项目对业务逻辑层 BLL 及实体类项目

Model 的引用。

"学生社团管理系统"的表示层 Windows 窗体应用程序项目之前已创建，此处不必重复创建。

至此，"学生社团管理系统"的三层框架已经搭建好，如图 5-1-5 所示，解决方案资源管理器中包含了 5 个项目。

图 5-1-5　系统三层框架

1. 三层架构概述

在软件体系架构设计中，分层式结构是最常见，也是最重要的一种结构。微软推荐的分层式结构一般分为三层，从下至上分别为数据访问层、业务逻辑层（又或称为领域层）、表示层。

三层体系结构原理：在三个层次中，系统主要功能和业务逻辑都在业务逻辑层进行处理。所谓三层体系结构，是指在客户端与数据库之间加入了一个"中间层"（也叫组件层）。这里所说的三层体系，不是指物理上的三层，而是指逻辑上的三层。三层体系的应用程序将业务规则、数据访问、合法性校验等工作放到了中间层进行处理。通常情况下，客户端不直接与数据库进行交互，而是通过与中间层建立连接，再经由中间层与数据库进行交互。

各层的具体作用如下：

（1）数据访问层：这里的数据不是指原始数据，即不是数据库，而是对原始数据（数据库或文本文件等存放数据的形式）的操作层，为业务逻辑层或表示层提供数据服务。

（2）业务逻辑层：主要是针对具体问题的操作，也可以理解成对数据访问层的操作，处理数据业务逻辑。如果说数据访问层是积木，那么业务逻辑层就是对这些积木的搭建。

（3）表示层：主要表示成 Winform 和 Web 两种方式。如果业务逻辑层相当强大和完善，无论表现层如何定义和更改，逻辑层都能完善地提供服务。

具体的区分方法如下：

（1）数据访问层：主要看该层有没有包含逻辑处理，数据访问层的各个函数主要完成对数据文件的操作，而不必管其他操作。数据访问层可以访问数据库系统、二进制文件、文本文档或 XML 文档。简单地说，数据访问层能够实现对数据表的查找（Select）、插入（Insert）、更新（Update）、删除（Delete）操作。

（2）业务逻辑层：主要负责对数据访问层进行操作。也就是说，把一些数据访问层的操作进行组合。业务逻辑层在体系架构中的位置很关键，它处于数据访问层与表示层之间，起到了数据交换中承上启下的作用。业务逻辑层的关注点主要集中在业务规则的制定、业务流程的实现等与业务需求有关的系统设计上，即它与系统所应对的领域（Domain）逻辑有关，因此，很多时候也将业务逻辑层称为领域层。

（3）表示层：位于最外层（最上层），离用户最近。用于显示数据和接收用户输入的数据，为用户提供一种交互式操作界面。

2. 三层架构的优缺点

像所有事物一样，三层架构不仅有明显的优点，而且也存在一些缺点。它的优点在于：

（1）可以只关注整个结构中的某一层。

（2）可以很容易地用新的实现来替换原有层次的实现。

（3）可以降低层与层之间的依赖。

（4）有利于标准化。

（5）利于各层逻辑的复用。

三层架构的缺点在于：

（1）降低了系统的性能。如果不采用分层式结构，很多业务可以直接造访数据库，以此获取相应的数据，如今却必须通过中间层来完成。

（2）有时会导致级联修改。这种修改体现在自上而下的方向上。如果表示层需要增加一个功能，为保证其设计符合分层式结构，可能需要在相应的业务逻辑层和数据访问层中都增加相应的代码。

（3）在一定程度上增加了开发成本。

一项技术既有优点也有不足，可以根据需求和条件选择最适合的方式来进行开发，相对而言，三层架构更适应可扩展、大代码量、安全和可重用的软件系统开发。

任务 5.2 创建数据库连接

 任务目标

在访问数据库之前，必须先将应用程序连接到数据库，即创建数据库连接。只有这样，应用程序才能和数据库连接起来，从而对数据库数据进行增、删、改、查操作。本任务将创建一个数据连接，并学习 ADO.NET 基础知识、连接字符串的创建及连接对象的打开和关闭等操作。

 任务分析

创建数据库连接需要提供数据库连接字符串，它包含了传递给数据源的参数信息，通过连接对象建立连接。在数据源分析和验证连接字符串的正确性后，将启动该连接字符串中的各种选项。本项目数据库 StudentClubMisDB 的详细设计已经在本书开头的"学

生社团管理系统简介"部分中给出。

 实现过程

步骤一：启动 Visual Studio，创建一个 Windows 窗体应用程序 ConnectionTest，在窗体 Form1 中添加按钮控件，设置窗体及按钮的属性，测试连接 窗体如图 5-2-1 所示。

步骤二：切换至代码视图，添加引入命名空间的语句：

using System.Data.SqlClient;

图 5-2-1 测试连接窗体

步骤三：双击命令按钮，在按钮的 Click 事件中编写如 下代码：

```
private void btnConnectTest_Click(object sender, EventArgs e)
{
    //数据库连接字符串
    string connString = "Data Source=(local);DataBase=StudentClubMisDB;User
    ID=sa;pwd=123";
    //创建 Connection 对象
    SqlConnection conn = new SqlConnection(connString);
    //打开数据库连接
    conn.Open();
    MessageBox.Show("连接数据库成功!", "系统提示", MessageBoxButtons.OK,
    MessageBoxIcon.Information);
    //关闭数据库连接
    conn.Close();
    MessageBox.Show("关闭数据库连接成功!", "系统提示", MessageBoxButtons.OK,
    MessageBoxIcon.Information);
}
```

步骤四：保存并运行程序，连接数据库和关闭数据库连接运行结果如图 5-2-2 和图 5-2-3 所示。

图 5-2-2 连接数据库成功　　　　图 5-2-3 关闭数据库连接成功

 技术要点

▶ **1. ADO.NET 简介**

ADO.NET 是一组包含在.NET 框架中的类库，用于完成.NET 应用程序和各种数

195

据存储之间的通信，是.NET框架中不可或缺的一部分。它提供了对关系数据库、XML及其他数据存储的访问功能。通过这些类，我们编写的应用程序就可以顺利访问数据库了。

比起以前的数据访问对象模型ADO（ActiveX Data Object），ADO.NET克服了ADO的一个不足，它提供了断开的数据访问模型。这就好比有一个工厂，工厂有一个仓库，用来存放原料和产品。工厂有很多车间，假设每个车间每天要生产100件产品，如果每加工一件产品都从仓库里取一次原料，恐怕仓库的管理员忙得晕头转向也不能满足所有车间的需求。所以人们就在车间旁建了一个临时仓库，每天先把生产用的原料一次性从仓库中取出来放在临时仓库当中，生产时只要从临时仓库取原料就行了，这也称为非连接下的访问。

ADO.NET的类由两部分组成：.NET数据提供程序（Data Provider）和数据集（DataSet）。数据提供程序负责与数据源的物理连接等，它提供了一些类，这些类用于连接到数据源，在数据源处执行命令，并返回数据源的查询结果等；而数据集则包含了实际的数据。ADO.NET对象模型如图5-2-4所示。

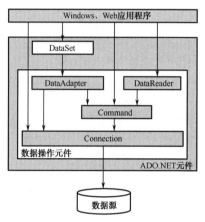

图 5-2-4　ADO.NET 对象模型

由图5-2-4可知，ADO.NET对象模型中有5个主要的组件，分别是：Connection对象、Command对象、DataAdapter对象、DataReader对象和DataSet对象。DataSet对象主要用来存储数据，前四个对象用于创建连接和操作数据，被称为数据操作组件。ADO.NET对象模型中的核心对象及其作用如表5-2-1所示。

表 5-2-1　ADO.NET 对象模型中的核心对象及其作用

对　　象	作　　用
Connection	建立与特定数据库的连接
Command	对数据源执行命令
DataAdapter	对数据源的查询结果填充 DataSet 并解析更新
DataReader	从数据源中读取只读的数据流

2. Connection 对象

Connection对象用于与数据库"对话"。不同的.NET数据提供程序都有自己的连接类，如表5-2-2所示，具体使用哪个连接类，根据开发时使用的数据库类型而定。本书中的案例均使用SQL数据提供程序。

表 5-2-2　.NET 数据提供程序及相应的连接类

.NET 数据提供程序	连 接 类
SQL 数据提供程序 System.Data.SqlClient	SqlConnection
OLE DB 数据提供程序 System.Data.OleDb	OleDbConnection
ODBC 数据提供程序 System.Data.Odbc	OdbcConnection
Oracle 数据提供程序 System.Data.OracleClient	OracleConnection

Connection 对象的主要属性和方法如表 5-2-3 和表 5-2-4 所示。

表 5-2-3　Connection 对象的主要属性

属 性 名	说　　明
ConnectionString	用于连接数据库的连接字符串

表 5-2-4　Connection 对象的主要方法

方 法 名	说　　明
Open	使用 ConnectionString 属性所指定的设置打开数据库连接
Close	关闭与数据库的连接

在 ADO.NET 中，使用.NET 框架数据提供程序操作数据库，必须显式关闭与数据库的连接，也就是说在操作完数据库后，必须调用 Connection 对象的 Close()方法关闭连接。

连接数据库主要分为三步。

第一步：设置连接字符串。

连接字符串用于连接数据库服务器，可以使用已知的用户名和密码验证进行数据库登录。下面定义了一个名为 ConnectionString 的连接字符串。

```
string ConnectionString="data source=(local);initial catalog=StudentClubMisDB;user id=sa;pwd=123";
```

连接字符串中应当根据实际情况设置以下几个重要参数。

data source/Server：指定数据源，即数据库管理系统的实例名或网络地址。

initial catalog/DataBase：指定数据库名称。

user id：指定数据库登录账户。

pwd：指定登录账户的密码。

注：如果服务器是本机，可以用（local）或“.”代替计算机名称或者 IP 地址，密码如果为空，可以省略 pwd 这一项。

以上连接字符串定义中使用了 SQL Server 身份验证方式登录数据库，为了安全起见，可以采用集成的 Windows 验证方式，如：

```
string ConnectionString = "data source=(local);initial catalog =StudentClubMisDB;integrated security=SSPI ";
```

第二步：创建连接对象并打开连接。

```
SqlConnection conn = new SqlConnection(ConnectionString);
conn.Open();
```

第三步：关闭连接。

每次使用完 Connection 对象后必须关闭连接。

```
Conn.Close();
```

（1）什么是 ADO.NET？简述 ADO.NET 对象模型的组成。

（2）编写程序，实现连接本地 Access 数据库 StudentDB，并测试连接是否成功。

任务 5.3 用户登录实现

任务目标

管理信息系统的使用在绝大多数情况下都要验证登录者的身份，判断登录用户是否具有系统功能模块的使用权限。系统会在用户登录时根据输入的用户名、密码及身份进行验证，验证通过后该用户只能操作相应权限范围内的功能模块，其他模块将被禁用，这样可以有效地保证系统的运行安全。本书任务 4.3 中对登录窗体进行了设计并实现了模拟登录，本任务将实现"学生社团管理系统"的用户登录功能，界面如图 5-3-1 所示。

图 5-3-1 用户登录界面

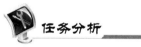

任务分析

登录是指进入操作系统或者应用程序过程，是数据安全的一种主动保护措施，主要是通过密码算法对数据进行保护，只有这样，才能有效的防止数据在录入和处理过程中被无关人员进行篡改，从而保证数据的一致性、完整性和保密性。作为守法公民，主观上要具备在没有经过对方同意许可、超出了必要限度，甚至直接故意获取数据信息，损害正常信息系统管理秩序的行为，以免发生犯罪行为。

依据任务需求，当程序获取了用户名、密码及权限后，应在数据表中查询该用户名存在与否，若存在，再检验密码和权限是否正确，进而判断是否允许用户登录系统。如何做到这一点呢？首先需要使用 Connection 对象连接数据库，而数据查询的工作则交给 Command 对象去完成，最后使用 DataReader 对象实现对查询结果的读取。

实现过程

步骤一： 编写 User 类。

打开实体项目 Model 中 User 类的编辑界面，User 类结构详见本书任务 3.1 中的

图 3-1-13，代码如下：

```
1.   public class User
2.   {
3.         #region 私有字段
4.         private int userid;              //用户编号
5.         private string username;         //用户名
6.         private string pwd;              //密码
7.         private string role;             //角色
8.         private int clubid;              //管理社团编号
9.         #endregion
10.        #region 公共属性
11.        public int    UserID            //用户编号
12.        {
13.            get { return userid; }
14.            set { userid = value; }
15.        }
16.        public string UserName          //用户名
17.        {
18.            get { return username; }
19.            set { username = value; }
20.        }
21.        public string Pwd               //密码
22.        {
23.            get { return pwd; }
24.            set { pwd = value; }
25.        }
26.        public string Role              //角色
27.        {
28.            get { return role; }
29.            set { role = value; }
30.        }
31.        public int ClubID
32.        {
33.            get { return clubid; }
34.            set { clubid= value; }
35.        }
36.        #endregion
37.        #region 构造方法
38.        public User()
39.        {
40.        }
41.        public User(int userid, string username, string pwd, string role,int clubid)
42.        {
43.            this.UserID = userid;
44.            this.UserName = username;
45.            this.Pwd = pwd;
46.            this.Role = role;
47.            this.ClubID = clubid;
48.        }
49.        #endregion
50.  }
```

代码中的#region、#endregion 是 C#的预处理器指令，它们配对使用，可使用户在使用 Visual Studio 代码编辑器的大纲显示功能时指定可展开或折叠的代码块，如图 5-3-2 所示。

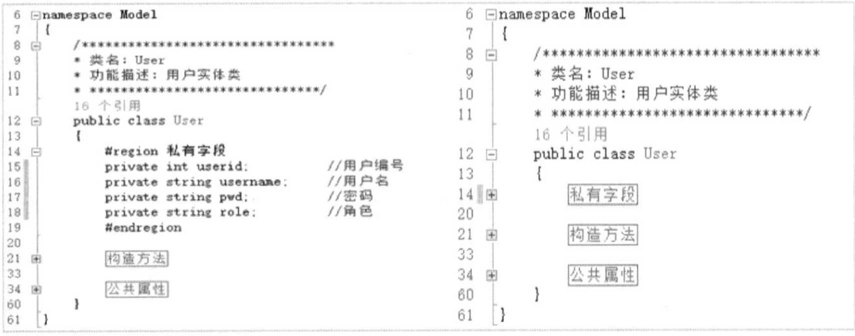

图 5-3-2   #region、#endregion 指令使用前后

步骤二：编写 IUserService 接口。

在接口项目 IDAL 中打开接口 IUserService 的编辑界面，IUserService 接口成员结构详见本书任务 3.3 中的图 3-3-7，部分代码如下：

```
1.  using Model;
2.  namespace IDAL
3.  {
4.      public interface IUserService
5.      {
6.          ...
7.          //根据用户名获取用户信息返回 User 对象
8.          User GetUserByName (string uname);
9.          ...
10.     }
11. }
```

步骤三：创建 UserService 类，实现 IUserService 接口。

在 DAL 层中创建 UserService 类，实现 IUserService 接口，以下代码是 GetUserByName 方法的实现过程。

```
1.  using Model;
2.  using System.Data;
3.  using System.Data.SqlClient;
4.  namespace DAL
5.  {
6.      public class UserService
7.      {
8.          public User GetUserByName (string uname)
9.          {
10.             string sql = "select * from tb_user,tb_clubmanage where
                    tb_user.userid=tb_clubmanage.userid and    username = '" + name + "'";
11.             string ConnectionString = "Data Source=(local);DataBase=StudentClubMisDB;
                    User ID=sa;pwd=123";
12.             SqlConnection con = null;
```

```
13.                User user = null;
14.                try
15.                {
15.                    con = new SqlConnection(ConnectionString);
16.                    con.Open();
17.                    SqlCommand cmd = new SqlCommand(sql, con);
18.                    SqlDataReader dr = cmd.ExecuteReader();
19.                    if (dr.Read())
20.                    {
21.                        int userid = Convert.ToInt32(dr["userid"]);
22.                        string username = dr["username"].ToString();
23.                        string password = dr["pwd"].ToString();
24.                        string role = dr["role"].ToString();
25.                        int clubid=Convert.ToInt32(dr["clubid"]);
26.                        user = new User(userid,username,password,role,clubid);
27.                    }
28.                }
29.                catch (Exception ex)
30.                {
31.                    throw new Exception(ex.Message);
32.                }
33.                finally;
34.                {
35.                    con.Close();
36.                }
37.                return user;
38.            }
39.        }
40. }
```

【代码解读】

第 10 行：定义字符串变量 sql，保存数据查询的 sql 语句。

第 11 行：创建连接字符串。

第 17～18 行：创建命令对象并执行，参数 sql 是 cmd 对象要执行的 SQL 语句。

第 19～25 行：通过 DataReader 对象读取数据。

第 26 行：创建 user 对象。

第 14、29、33 行：使用 try、catch 和 finally 关键字捕获异常，详见本任务的"技术要点"。

步骤四：打开 BLL 层编辑界面，创建 UserManage 类，添加 CheckUser 方法和 GetUserByName 方法，代码如下：

```
1. using Model;
2. using DAL;
3. namespace BLL
4. {
5.     public class UserManage
```

```
6.        {
7.            ///<summary>
8.            ///用户身份验证
9.            ///</summary>
10.           ///<param name="uname">用户名</param>
11.           ///<param name="pwd">密码</param>
12.           ///<param name="role">角色</param>
13.           ///<returns>返回数值，1：成功，2：密码错，3：用户名不存在</returns>
14.           public int CheckUser(string uname, string pwd,string role)
15.           {
16.               try
17.               {
18.                   UserService userdal=new UserService();
19.                   User user=userdal.GetUserByName(uname);
20.                   if (user != null)
21.                   {
22.                       if (user.Pwd == pwd && user.Role == role)
23.                       {
24.                           return 1;
25.                       }
26.                       else
27.                       {
28.                           return 2;
29.                       }
30.                   }
31.                   else
32.                   {
33.                       return 3;
34.                   }
35.               }
36.               catch (Exception ex)
37.               {
38.               throw new Exception(ex.ToString());
39.               }
40.           }
41.
42.           ///<summary>
43.           ///根据用户名获取用户对象
44.           ///</summary>
45.           ///<param name="name">用户名</param>
46.           ///<returns>用户对象</returns>
47.           public User GetUserByName(string name)
48.           {
49.               try
50.               {
51.                   UserService userdal = new UserService();
52.                   User user = userdal.GetUserByName(name);
53.                   return user;
```

```
54.              }
55.              catch (Exception ex)
56.              {
57.                  throw new Exception(ex.ToString());
58.              }
59.          }
60.      }
61. }
```

步骤五： 在表示层 WindowsForms 项目窗体 FrmLogin 编辑界面中，修改"登录"按钮 Click 事件代码如下：

```
1.  public static string role;
2.  public static string username;
3.  public static int clubid;
4.  private void btnLogin_Click(object sender, EventArgs e)
5.  {
6.      UserManage userbll=new UserManage();
7.      string   username= txtUserName.Text;
8.      string   password= txtPassword.Text;
9.      string   role=cmbRole.Text;
10.     if (username== "" || password == "")
11.     {
11.         lblMessage.Text = "请输入用户名或密码!";
12.         return;
13.     }
14.     int result = userbll.CheckUser(username, password, role);
15.     if ( result== 1)
16.     {
17.         User user = userbll.GetUserByName(username);
18.         urole = user.Role;
19.         uname = user.UserName;
20.         clubid = user.ClubID;
21.         FrmMain frmmain = new FrmMain();
22.         frmmain.Show();
23.         this.Hide();
24.     }
25.     else if (result == 2)
26.     {
27.         lblMessage.Text = "密码错误!";
28.     }
29.     else
30.     {
31.         lblMessage.Text = "用户名不存在!";
32.     }
33. }
```

步骤六： 右击 WindowsForms 项目名称，选择"设置启动项目"命令，将其设置为启动项目。运行程序，用户登录验证结果如图 5-3-3 所示。

图 5-3-3　用户登录验证结果

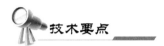技术要点

204

📍1. Command 对象

当应用程序与数据库的连接打开后，我们该如何操作数据呢？这时我们需要使用
Command 对象。Command 对象可以通过使用数据库命令直接与数据源进行通信，也可
以对数据库中的数据进行增、删、改、查操作。和 Connection 对象一样，不同的数据库
操作应当使用不同的 Command 对象，若访问 SQL Server 数据库，应使用 SqlCommand
对象。Command 对象的常用属性和方法如表 5-3-1 和表 5-3-2 所示。

表 5-3-1　Commamd 对象常用属性

属　性　名	说　　明
CommandText	获取或设置要对数据源执行的 SQL 语句或存储过程
CommandTimeout	获取或设置终止执行命令并生成错误之前的等待时间
CommandType	获取或设置一个值，该值指示如何解释 CommandText 属性
Connection	获取或设置 SqlCommand 实例使用的 SqlConnection 对象
Parameters	获取 SqlParameterCollection 对象

表 5-3-2　Commamd 对象常用方法

方　法　名	说　　明
ExecuteNonQuery	对 Connection 执行 SQL 语句并返回受影响的行数
ExecuteReader	将 CommandText 属性发送到当前的 Connection 对象并生成一个 SqlDataReader 对象
ExecuteScalar	执行查询，并返回查询结果集的第一行第一列。忽略额外的列或行
CreatePareameter	创建 SqlParameter 对象的新实例

需要按照如下步骤使用 Command 对象。

（1）创建数据库连接对象并打开连接。

（2）定义要执行的 SQL 语句。

（3）创建 Command 对象。

（4）执行 SQL 语句。

执行 SQL 语句可以使用如下代码：

```
string strConn, strSQL;
strConn = "Data Source=(local);Initial Catalog=Northwind; integrated security=SSPI";
strSQL = "delete from Customers where CustomerID=1";
SqlConnection cn = new SqlConnection(strConn);
cn.Open();
SqlCommand cmd = new SqlCommand ();
cmd.CommandText = strSQL;
cmd.Connection = cn;
cmd. ExecuteNonQuery();
cn.Close();
```

Command 对象有多个构造方法，除在代码中创建 Command 对象的方法外，还可以使用如下代码执行 SQL 语句：

```
string strConn, strSQL;
strConn = "Data Source=(local);Initial Catalog=Northwind; integrated security=SSPI";
strSQL = "delete from Customers where CustomerID=1";
SqlConnection cn = new SqlConnection(strConn);
cn.Open();
SqlCommand cmd = new SqlCommand (strSQL, cn);
cmd. ExecuteNonQuery();
```

为了防止 SQL 注入，我们常常使用参数化的 SQL 语句来替代拼接的 SQL 语句。当要执行的 SQL 语句中含有参数时，可以按如下方式使用 Command 对象进行参数化查询：

```
string strConn, strSQL;
strConn = "Data Source=(local);DataBase=StudentClubMisDB;User ID=sa;pwd=123;";
SqlConnection cn = new SqlConnection(strConn);
cn.Open();
strSQL = "select * from tb_user where username= @uname and pwd=@pwd";    //使用参数
SqlCommand cmd = new SqlCommand(strSQL, cn);
cmd.Parameters.Add("@uname ",SqlDbType.Char);      //添加参数一
cmd.Parameters.Add("@pwd ",SqlDbType.Char);        //添加参数二
cmd.Parameters[0].Value = "admin";                 //设置参数一的值
cmd.Parameters[1].Value = "123456";                //设置参数二的值
SqlDataReader dr=cmd.ExecutReader();
```

要在 ADO.NET 对象模型中进行参数化查询，需要向 SqlCommand 对象的 Parameters 集合中添加 Parameter 对象。生成 SqlParameter 参数的最简单方式是先调用 SqlCommand 对象 Parameters 集合中的 Add 方法，然后再通过其 Value 属性来设置参数值。

❷2. DataReader 对象

DataReader 对象又称数据阅读器，常用来检索大量的数据。SQL Server 数据库相关的.NET 数据提供程序对应的 DataReader 类是 SqlDataReader 类。

使用 DataReader 对象并不能修改数据库中的数据，因而它的功能相对有限，但它的效率非常高，如果只需要检索数据库，则可以使用 DataReader 对象。

DataReader 对象的常见方法如下：

（1）Read 方法。该方法使当前记录指针指向下一个记录（在创建 DataReader 对象时，当前指针指向第一个记录之前的位置，因此，必须在处理第一个记录之前调用 Read 方法一次），如果有记录，则该方法返回 true，否则返回 false。

（2）Close 方法。用来关闭 DataReader 对象，在从 DataReader 对象读取数据后，必须显式地关闭它及其使用的连接。

下面举例说明 SqlDataReader 对象的使用方法。

需要特别注意的是，DataReader 类没有构造函数，因此不能直接将其实例化，可以通过 Command 对象的 ExecuteReader 方法创建 SqlDataReader 类的实例。

```
SqlCommand myCmd = new SqlCommand();
myCmd.Connection = myCon;
myCmd.CommandText = "select * from users";
SqlDataReader mydr = myCmd.ExecuteReader();
```

DataReader 对象的 Read 方法用来遍历整个结果集，不需要显式地向前移动指针，或者检查文件是否结束。如果没有要读取的记录了，Read 方法会自动返回 false。DataReader 对象读取结果集的过程如图 5-3-4 所示。

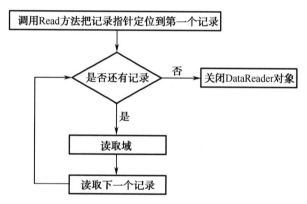

图 5-3-4　DataReader 对象读取结果集的过程

DataReader 类有一个索引符，可以使用常见的数组语法访问任何字段。既可以通过指定数据列的名称，也可以通过指定数据列的编号来访问特定列的值。

例如：

```
string uid=mydr["UserID"].ToString();
mydr [0], mydr[1]
```

▶3. 异常处理

异常是指在程序执行期间出现的问题。C#中的异常是对程序运行时出现的特殊情况的一种响应，如尝试除以零。C#的异常处理建立在 4 个关键词上，它们是 try、catch、finally 和 throw，具体语法格式如下：

```
try
{
    //引起异常的语句
```

```
}
catch( ExceptionName e1 )
{
    //错误处理代码
}
catch( ExceptionName e2 )
{
    //错误处理代码
}
catch( ExceptionName eN )
{
    //错误处理代码
}
finally
{
    //要执行的语句
}
```

其中，try 用于检查发生的异常，代码块中语句指定受错误处理或清除代码影响的语句，后跟一个或多个 catch 代码块。catch 以控制权更大的方式处理错误，可以有多个 catch 子句。无论是否引发了异常，finally 代码块内容都将被执行。

 拓展学习

▶ 1. MD5 加密算法

用户密码关系到用户使用系统的安全性，如果有非法用户通过某种手段打开数据库中的用户表，非法获取密码，则会使合法用户产生不可挽回的损失。为了保护密码，可以将用户输入的密码加密后再保存到数据库中，这会提高系统的安全性。常用的加密算法如 MD5，可以在创建用户时使用该算法对密码进行加密操作，代码如下：

```
using System.Security.Cryptography;
string pwdbefore;
string pwdafter = "";   //pwdafter 为加密结果
MD5 md5 = MD5.Create();
byte[] s = md5.ComputeHash(Encoding.UTF8.GetBytes(pwdbefore));
for (int i = 0; i < s.Length; i++)
{
    pwdafter = pwdafter + s[i].ToString();
}
```

▶ 2. StringBuilder 类

本任务步骤三使用了"+"运算符拼接字符串的方式构成 SQL 语句。除此之外，也可以通过创建 StringBuilder 类的对象这种方式来创建字符串，保存 SQL 语句。

StringBuilder 类是专门用于对字符串或字符执行动态操作的类，它与 String 类类似，但当将许多字符串连接在一起时，使用 StringBuilder 类可以提升性能。StringBuilder 类的 Append 方法用于将文本或对象的字符串表示形式添加到由当前 StringBuilder 对象表示的字符串的结尾处。以下示例将一个 StringBuilder 对象初始化为字符串"Hello World"，然后将一些文本追加到该对象的结尾处。

```
StringBuilder MyStringBuilder=new StringBuilder("Hello World!");
MyStringBuilder.Append("What a beautiful day.");
Console.WriteLine(MyStringBuilder);
```

执行上面的代码将"Hello World!What a beautiful day."显示到控制台。

任务 5.4　浏览社员列表

 任务目标

在任务 4.4 中，我们设计了"社员信息管理"窗体，在本任务中我们将通过数据库访问技术在窗体上显示社员列表，并且选中社员后可以在窗体右侧显示详细信息。"社员信息管理"界面如图 5-4-1 所示。

图 5-4-1　"社员信息管理"界面

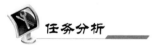 任务分析

建立数据库后，社团成员的信息都保存在数据表中，数据表 tb_member 如图 5-4-2 所示。建立连接后，通过 Comamd 对象查询数据，将查询结果暂时保存在数据集 DataSet 中，将数据读取至动态数组后，通过网格控件 DataGridView 将数据显示在窗体中。

id	name	grade	clubid	departmentid	professionid	Sex	Birthday	Phone	QQ	Hobbies	Memo	picture
1907101211	孙林	2019级	1	1	2	男	1999-08-01 00:...	13408987675	23454323	旅游;	喜欢唱歌	<二进制数据>
1708876761	李贤波	2017级	2	2	3	男	1998-07-01 00:...	12345432435	34323456	文艺;书画;		<二进制数据>
1801232343	苏佳	2018级	5	3	4	女	1998-05-01 00:...	18976565444	45433556	文艺;书画;		<二进制数据>
1907806765	苏美美	2019级	1	1	2	女	1999-02-01 00:...	13287676776	56789089	旅游;		<二进制数据>
1708787655	沈阳	2017级	1	3	4	男	1999-08-01 00:...	13786756543	345456789	文艺;		<二进制数据>
1809878766	周耀	2018级	4	4	10	男	2000-04-01 00:...	15876565453	234543789	文艺;		<二进制数据>
1703406543	郭静	2017级	1	3	16	女	1999-01-01 00:...	13456780987	456546789	书画;其他;		<二进制数据>
1908767604	唐笑笑	2019级	1	2	13	女	2000-04-01 00:...	13234565453	565678890	文艺;		<二进制数据>
1809878708	王志军	2018级	5	4	10	男	1998-02-01 00:...	13456765678	9887676776	书画;其他;		<二进制数据>
1976765456	潘君仪	2019级	5	1	8	女	1999-08-01 00:...	15098767689	4567878900	旅游;		<二进制数据>
1820234567	王丽娟	2019级	3	3	15	女	1999-04-01 00:...	13245565456	4543456778	文艺;		<二进制数据>
1921123454	赵宝亮	2019级	1	4	10	男	1999-05-01 00:...	13987676567	3434556755	书画;其他;		<二进制数据>
1830389877	曹苗苗	2018级	1	2	13	女	2000-06-01 00:...	13454565675	3455644332	其他;		<二进制数据>
1830477656	孙玉丽	2018级	1	3	6	女	1999-03-01 00:...	25865454345	3345443456	其他;		<二进制数据>

图 5-4-2　数据表 tb_member

实现过程

步骤一： 修改实体项目 Model 中的实体类 ClubMember。

为了与数据表字段类型保持一致，将任务 3.2 中创建的实体类 ClubMember 的 pic 字段由原来的 string 类型改为 byte[]类型，代码如下：

```
1.  public class ClubMember: Student
2.  {
3.      #region 私有字段
4.      ...
5.      private byte[] pic;        //照片，byte[]类型
6.      ...
7.      #endregion
8.
9.      #region 属性
10.     ...
11.     public byte[] Pic
12.     {
13.         get { return pic; }
14.         set { pic = value; }
15.     }
16.     ...
17.     #endregion
18. }
```

步骤二： 在 IDAL 项目中添加接口文件 IMemberService.cs，该接口在本书任务 3.3 中创建过，代码如下：

```
1.  public interface IMemberService
2.  {
3.      //获取所有社团成员信息
4.      ArrayList GetAllMembers(int clubid);
5.
6.      //根据成员编号获得社团成员信息
7.      ClubMember GetMemberByID(string id);
8.
```

```
9.      //添加成员
10.     bool AddMember(ClubMember member);
11.
12.     //修改成员
13.     bool UpdateMember(ClubMember member);
14.
15.     //根据编号删除成员
16.     bool DeleteMember(string id);
17. }
```

步骤三：在 DAL 项目中添加类文件 MemberService.cs，实现接口 IMemberService，本步骤讨论 GetAllMembers 方法的实现，其他方法沿用任务 3.3 中 MemberManageTest 类方法。

```
1.  public class MemberService:  IMemberService
2.  {
3.      //获取所有社团成员信息
4.      public ArrayList GetAllMembers(int clubid)
5.      {
6.          string sql = "select * from tb_member where clubid = " + clubid;
7.          string ConnectionString = "Data Source=(local);DataBase=StudentClubMisDB;
            User ID=sa;pwd=123";
8.          SqlConnection con = null;
9.          DataSet ds = new DataSet();
10.         ArrayList memberList = null;
11.         try
12.         {
13.             con = new SqlConnection(ConnectionString);
14.             con.Open();
15.             SqlCommand cmd = new SqlCommand(sql, con);
16.             SqlDataAdapter da=new SqlDataAdapter();
17.             da.SelectCommand=cmd;
18.             da.Fill(ds,"members");
19.             if (ds.Tables["members"].Rows.Count>0)
20.             {
21.                 memberList = new ArrayList();
22.                 for (int i = 0; i < ds.Tables["members"].Rows.Count;i++ )
23.                 {
24.                     ClubMember member = new ClubMember();
25.                     DataRow row = ds.Tables["members"].Rows[i];
26.                     member.StudentID = row["id"].ToString();
27.                     member.Name = row["name"].ToString();
28.                     member.Sex = row["sex"].ToString();
29.                     member.Birthday = Convert.ToDateTime(row["birthday"]);
30.                     member.Grade = row["grade"].ToString();
31.                     member.ClubID =int.Parse( row["clubid"].ToString());
```

```
32.              member.DepartmentID = int.Parse(row["departmentid"].ToString());
33.              member.ProfessionID = int.Parse(row["professionid"].ToString());
34.              member.QQ = row["qq"].ToString();
35.              member.Phone = row["phone"].ToString();
36.              member.Hobby = row["Hobbies"].ToString();
37.              member.Memo = row["mcmo"].ToString();
38.              member.Pic =(byte[])(row["picture"]);
39.              memberList.Add(member);
40.            }
41.          }
42.        }
43.      catch (Exception ex)
44.      {
45.          throw new Exception(ex.Message);
46.      }
47.      return null;
48.    }
49.    //其他方法略
50. }
```

步骤四：在 BLL 层创建一个 MemberManage 类，在类中添加 GetUserByName 方法，代码如下：

```
1.  namespace BLL
2.  {
3.      public class MemberManage
4.      {
5.          public ArrayList GetAllMembers(int clubid)
6.          {
7.              try
8.              {
9.                  MemberService memberdal = new MemberService();
10.                 return memberdal.GetAllMembers(clubid) ;
11.             }
12.             catch (Exception ex)
13.             {
14.                 throw new Exception(ex.ToString());
15.             }
16.         }
17.     }
18. }
```

步骤五：在表示层 WindowsForms 项目中，添加窗体 FrmClubMemberManage2，界面参照任务 4.7 中的图 4-7-1。在"工具箱"面板的"数据"项子项中选中"DataGirdView"控件，将其拖放至窗体中，并命名为 dgvMember，如图 5-4-3 所示。

图 5-4-3　将 "DataGirdView" 控件拖放至 "社员信息管理" 窗体中

单击 DataGirdView 控件右上角的 🔘 按钮，在弹出的菜单中选择 "编辑列…" 命令。在 "编辑列" 对话框中单击 "添加" 按钮，可以添加自定义列，也可以在右侧的 "绑定列属性" 列表设置属性，如图 5-4-4 所示。

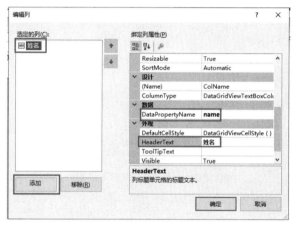

图 5-4-4　添加自定义列

步骤六： 在窗体 FrmClubMemberManage 的 Load 事件过程中编写代码，加载社团成员数据，代码如下：

```
1.  private void FrmClubMemberManage_Load(object sender, EventArgs e)
2.  {
3.      //加载社团成员列表
4.      MemberManage memberbll = new MemberManage();
5.      dgvMember.AutoGenerateColumns = false;
6.      dgvMember.DataSource = memberbll.GetAllMembers(FrmLogin.clubid);
7.  }
```

在上面的代码中，通过调用业务逻辑层的 GetAllMembers 方法，获取 tb_member 中相关数据作为 DataGirdView 控件的数据源。由于步骤五中进行了自定义列的设置，故第 5 行将 AutoGenerateColumns 属性设置为 false。

步骤七： 保存并运行程序，运行结果如图 5-4-5 所示。

图 5-4-5　程序运行结果

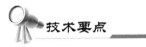技术要点

1. ADO.NET 的两种数据访问模式

ADO.NET 支持两种模式的数据访问：连接模式（Connected）和非连接模式（Disconnected）。连接模式是指应用程序在数据库访问期间，数据库和 PC 端一直保持连接状态，即建立的连接一直处于打开状态。非连接模式是指应用程序可以在没有打开连接时在内存中操作数据。DataAdapter 对象通过管理连接为无连接模式提供服务，当要从数据库中查询数据时，DataAdapter 对象打开一个连接，填充指定的 DataSet 对象，等数据读取完毕立刻自动关闭连接，然后可以对数据进行修改，再次使用 DataAdapter 对象打开连接，持久化修改（无论是更新还是删除），最后自动关闭连接。ADO.NET 的两种访问模式如图 5-4-6 所示。

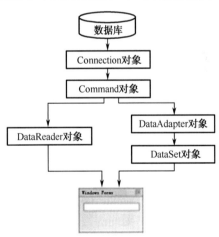

图 5-4-6　ADO.NET 的两种访问模式

2. SqlDataAdapter 对象

SqlDataAdapter 类也位于 System.Data.SqlClient 命名空间中，是一个不可继承的类。它是数据库和 DataSet（数据集）之间的桥接器。SqlDataAdapter 对象通过连接把 SQL 语句发送给 SqlServer（数据提供程序）处理后，提供器再通过连接将处理结果返回 SqlDataAdapter 对象，如图 5-4-7 所示。返回结果或者是检索到的数据，或者是请求成功或失败的信息，然后，SqlDataAdapter 对象使用返回的数据生成 DataSet 对象。

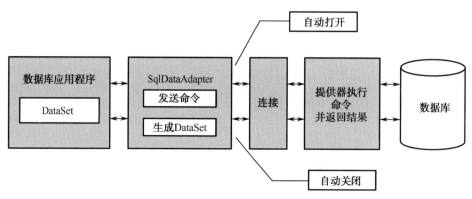

图 5-4-7　SqlDataAdapter 对象在非连接模式中的作用

（1）创建 SqlDataAdapter 对象的语法形式。

　　SqlDataAdapter　对象名 = new　SqlDataAdapter ();

　　SqlCommand 类的常用构造函数为 SqlCommand()，带参构造函数的语法形式为：

　　SqlDataAdapter (string selectCommandText，SqlConnection selectConnection)

参数 selectCommandText 为 SELECT 语句或存储过程，selectConnection 为连接对象。

　　SqlDataAdapter (SqlCommand selectCommand);

参数 selectCommand 为命令对象。

（2）SqlDataAdapter 对象的常用属性。

SelectCommand：指定某命令对象以便从数据存储区检索行。

InsertCommand：指定某命令对象以便向数据存储区插入行。

UpdateCommand：指定某命令对象以便修改数据存储区中的行。

DeleteCommand：指定某命令对象以便从数据存储区删除行。

（3）SqlDataAdapter 对象的常用方法。

Fill 方法：该方法用于把从数据源中选取的行添加到数据集中。

重载的 Fill 方法的语法形式为：

　　int Fill (DataSet dataSet)

该方法用于将返回的数据记录填充到 DataSet 对象中，返回值为成功添加或刷新的行数。

　　int Fill (DataTable dataTable)

该方法用于将返回的数据记录填充到 DataTable 对象中，返回值为成功添加或刷新的行数。

　　int Fill (DataSet dataSet, string srcTable)

该方法用于将返回的数据记录填充到 DataSet 对象中，srcTable 为要填充的数据表指定表名，返回值为成功添加或刷新的行数。

▶3. DataSet（数据集）

DataSet 类（System.Data）是 ADO.NET 的主要成员之一，它是从数据库中检索到的数据在内存中的缓存，代表了一个或多个数据库表中数据的非连接视图，类似于一个简化的关系数据库。

DataReader 对象每次只读取一行数据到内存中，如果要查询 10 条数据，就要从数据库中读取 10 次，并且在读数据的过程中要一直保持和数据库的连接，这给服务器增加了很大的负担。DataSet（数据集）就像工厂中的临时仓库，我们可以将读取的数据放到临时仓库中，也就是将数据缓存到本地，这样客户端与服务器就不需要一直保持连接了，大大减轻了服务器的负担。

数据集不直接与数据库关联，它和不同数据库之间的相互作用都是通过.NET框架提供的程序来完成的，所以数据集是独立于各种数据库的。

（1）数据集的结构。

数据集的结构类似于关系数据库的结构，如图5-4-8所示。它公开表、行和列的分层对象模型，也包含约束和关系等对象。DataSet类代表数据集，包含Tables集合和DataRelation对象的Relations集合，DataTable类包含数据行Row集合、数据列Column集合。

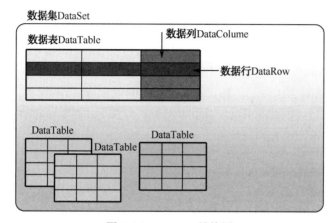

图 5-4-8　DataSet 结构图

（2）创建和访问数据集对象的语法形式如下。

    DataSet 对象名 = new DataSet();

DataSet 对象的常用属性 Tables 表示 DataSet 对象中 DataTable 对象的集合，一个 DataSet 可以包含多个 Table。例如：

    DataSet ds = new DataSet();
    ds.Tables[0]
    ds.Tables["records"]

（3）DataSet 对象常用方法。

Clear 方法：用于删除 DataSet 中所有表的所有行。

Clone 方法：用于复制 DataSet 的结构，但不复制数据。

Copy 方法：用于复制 DataSet 的结构和数据。

AcceptChanges 方法：用于修改的记录保存到数据库后，同步 DataSet 和数据库。

（4）访问 DataSet 中的表、行和列。

① 访问每个 DataTable。

按表名访问：ds.Tables["test"]，指定 DataTable 对象 test（即访问 DataSet 中名为 test 的 DataTable）。

按索引（基于 0 的索引）访问：ds.Tables[0]，指定 DataSet 中的第一个 DataTable。

② 访问 DataTable 中的行。

ds.Tables["test"].Rows[n]，访问 test 表的第 n+1 行（行的索引是从 0 开始的）。

ds.Tables[i].Rows[n]，访问 DataSet 中的第 i+1 个 DataTable 的第 n+1 行（行的索引从 0 开始）。

③ 访问 DataTable 中的某个元素。

ds.Tables["test"].Rows[n][m]，访问 test 表的第 n+1 行第 m+1 列的元素。

ds.Tables[i].Rows[n][m]，访问 DataSet 中的第 i+1 个 DataTable 表的第 n+1 行第 m+1 列的元素。

ds.Tables["test"].Rows[n]["name"]，访问 test 表的第 n+1 行 name 列的元素。

ds.Tables[i].Rows[n]["name"]，访问 DataSet 中的第 i+1 个 DataTable 表的第 n+1 行 name 列的元素。

④ 取 DataTable 中的列名。

ds.Tables["test"].Columns[n]，取出 test 表 n+1 列的列名。

ds.Tables[i].Columns[n]，取出 DataSet 中的第 i+1 个 DataTable 表的第 n+1 列的列名。

⑤ 使用 DataAdapter 和 DataSet 对象查询数据。

数据适配器就像是一座桥梁，在数据源和数据集之间交换数据。在创建了 SqlConnection 对象后，创建 SqlDataAdapter 对象，使用 SqlDataAdapter 对象的 Fill 方法，把数据库中获取的数据填充到数据集中。

```
string str = "Data Source=.; Initial Catalog=Student; Integrated Security=True";
SqlConnection conn = new SqlConnection(str);
DataSet ds = new DataSet();
SqlDataAdapter da = new SqlDataAdapter("SELECT * FROM Student",conn);
//调用 Fill 方法时，SqlDataAdapter 对象会自动打开连接，读取数据后关闭连接
da.Fill(ds, "student");
for (int i=0; i<ds.Tables["student"].Rows.Count;i++)
{
    Console.WriteLine(ds.Table["student"].Rows[0]["name"].ToString());
}
```

在本任务步骤三中，通过无参构造方法创建 SqlDataAdapter 对象，设置其 SelectCommand 属性，填充数据表对象 ds.Tables["members"]。

```
15.    SqlCommand cmd = new SqlCommand(sql, con);
16.    SqlDataAdapter da=new SqlDataAdapter();
17.    da.SelectCommand=cmd;
18.    da.Fill(ds,"members");
```

▶4. DataGridView 控件

在数据库项目中，如果需要将批量数据显示在用户界面中，则常使用 DataGridView 控件实现，其外观如图 5-4-9 所示。DataGridView 控件功能强大，使用方便，在大多数情况下，只设置 DataSource 属性即可。DataGridView 控件用于在一系列行和列中显示数据，这些数据可以取自不同类型的数据源。当需要在 Windows 应用程序中显示表格式数据时，可优先考虑 DataGridView 控件。后续任务中还将继续介绍关于 DataGridView 控件的使用方法。

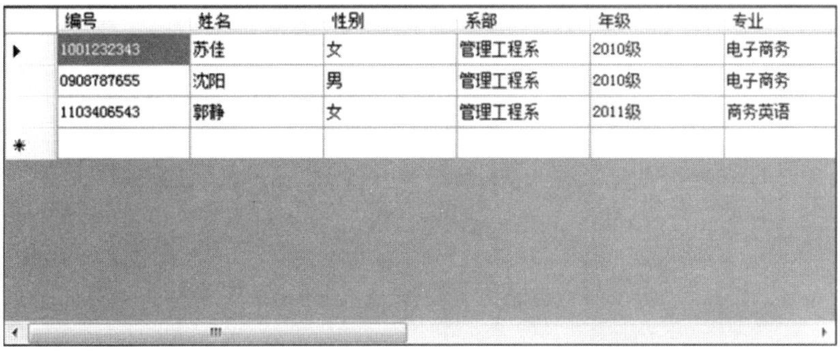

编号
姓名
性别
系部
年级
专业
1001232343
苏佳
女
管理工程系
2010级
电子商务
0908787655
沈阳
男
管理工程系
2010级
电子商务
1103406543
郭静
女
管理工程系
2011级
商务英语

图 5-4-9　DataGridView 控件外观

DataGridView 控件的使用方法如下：

```
string str = "Data Source=.; Initial Catalog=Student; Integrated Security=True";
SqlConnection conn = new SqlConnection(str);
DataSet ds = new DataSet();
SqlDataAdapter da = new SqlDataAdapter("SELECT * FROM Student",conn);
da.Fill(ds,"student");
dataGridView.DataSource=ds.Tables["student"];
```


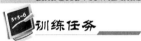

训练任务

（1）实现“学生社团管理系统”中“社团管理”“社团活动管理”窗体中的社团浏览、活动浏览功能，在窗体左侧的数据表格中分别罗列社团列表和活动列表，如图 5-4-10 和图 5-4-11 所示。

社团管理
社团列表
名称
爱心社
望月通讯社
嘻哈街舞团
法律爱好者协会
摄影协会
跆拳道协会
英语协会
电脑资讯社
天创网络工作室
社团基本信息
社团名称：
指导老师：
成立日期：
2019-11-02
社团简介：
添加
修改
删除
保存

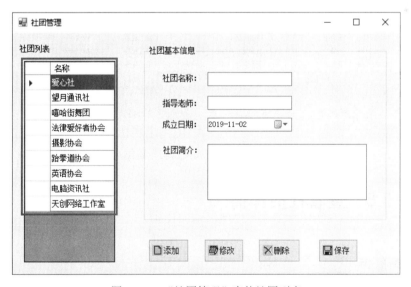

图 5-4-10　“社团管理”窗体社团列表

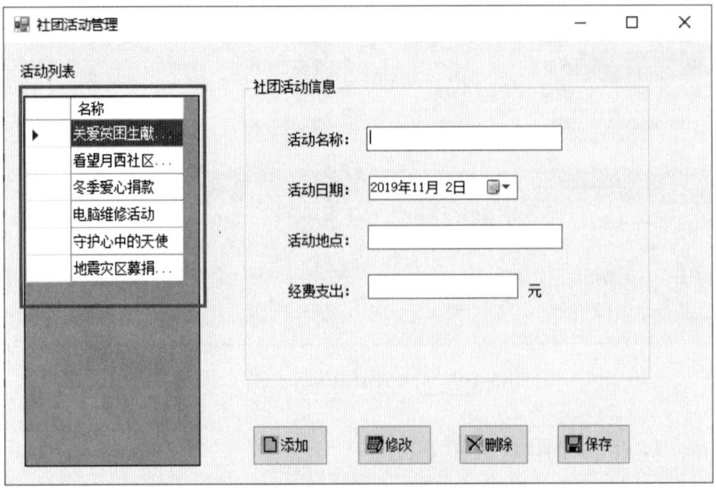

图 5-4-11 "社团活动管理"窗体活动列表

（2）在"学生社团管理系统"中创建"社团成员查询""社团查询""活动查询"窗体，实现这些窗体中的信息浏览功能，"社团成员查询"窗体如图 5-4-12 所示。

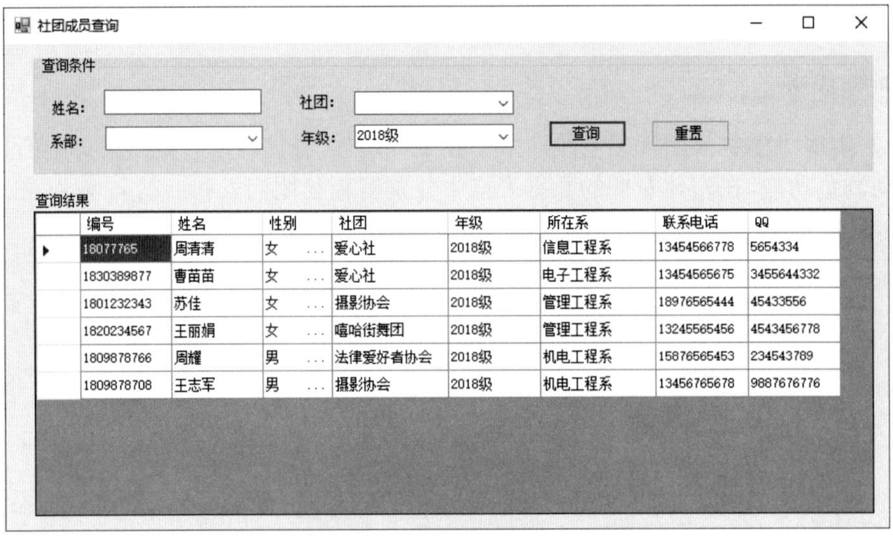

图 5-4-12 "社团成员查询"窗体

任务 5.5　查看社员详情

任务目标

在"社员信息管理"窗体中，除在数据网格中显示列表以外，还能通过单击数据网格中的单元格，依次查看每个成员的详细信息，社团成员详细信息如图 5-5-1 所示。本任务将实现查看社员详情功能。

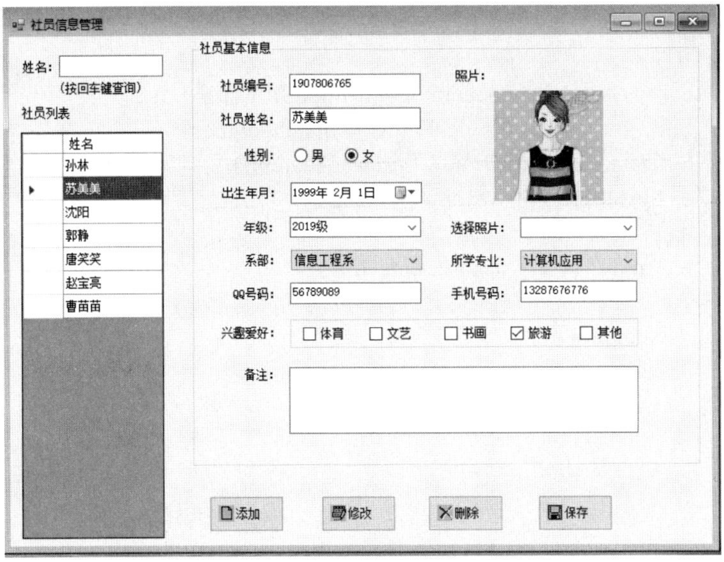

图 5-5-1　社团成员详细信息

任务分析

实现本任务的关键是数据网格控件选中行社员对象的获取，可以通过 DataGridView 控件的 CurrentRow.DataBoundItem 属性实现，而对象各属性在控件上的显示功能可参照任务 4.4。其中，系部"和"专业"两个组合框将通过数据绑定技术加载，并在两者之间实现联动，系部表（tb_department）和专业表（tb_profession）如图 5-5-2 所示。

	departmentid	departmentname
▶	1	信息工程系
	2	电子工程系
	3	管理工程系
	4	机电工程系

	professionid	departmentid	professionname
▶	1	1	软件技术
	2	1	计算机应用
	3	1	应用电子技术
	4	3	电子商务
	5	3	会计
	6	3	旅游

图 5-5-2　系部表和专业表

实现过程

步骤一： 在 DAL 项目中添加类文件 DepartmentService.cs 和 ProfessionService.cs，由于两者的代码类似，此处以前者为例，添加方法 GetAllDepartments() 的代码如下，ProfessionService 类中的 GetAllProfessions 方法可作参照。

```
1. public class DepartmentService
2. {
3.     //获取所有社团信息
4.     public DataTable GetAllDepartments()
5.     {
6.         string sql = "select * from tb_department";
7.         string ConnectionString = "Data Source=(local);DataBase=StudentClubMisDB;
           User ID=sa;pwd=123";
8.         DataSet ds = new DataSet();
9.         SqlConnection con = null;
```

```
10.            try
11.            {
12.                    con = new SqlConnection(ConnectionString);
13.                    SqlCommand cmd = new SqlCommand(sql, con);
14.                    SqlDataAdapter da = new SqlDataAdapter();
15.                    da.SelectCommand = cmd;
16.                    da.Fill(ds, "departments");
17.                    return ds.Tables["departments"];
18.            }
19.            catch (Exception ex)
20.            {
21.                    throw new Exception(ex.Message);
22.            }
23.        }
24.    }
```

继续在 ProfessionService 类中添加方法 GetProfessionsByDeptID()，代码如下：

```
1.  public class ProfessionService
2.  {
3.        ...
4.      public DataTable GetProfessionsByDeptID(int deptid)
5.      {
6.          string sql = "select * from tb_profession where departmentid=" + deptid;
7.          string ConnectionString = "Data Source=(local);DataBase=StudentClubMisDB;
            User ID=sa;pwd=123";
8.          DataSet ds = new DataSet();
9.          SqlConnection con = null;
10.         try
11.         {
12.                 con = new SqlConnection(ConnectionString);
13.                 SqlCommand cmd = new SqlCommand(sql, con);
14.                 SqlDataAdapter da = new SqlDataAdapter();
15.                 da.SelectCommand = cmd;
16.                 da.Fill(ds, "professions");
17.                 return ds.Tables["professions"];
18.         }
19.         catch (Exception ex)
20.         {
21.                 throw new Exception(ex.Message);
22.         }
23.     }
24. }
```

步骤二：在 BLL 项目中添加类文件 DepartmentManage.cs 和 ProfessionManage.cs。分别在类中添加 GetAllDepartments 等方法，GetAllDepartments 方法代码如下：

```
1.  public class DepartmentManage
2.  {
3.      public DataTable GetAllDepartments()
4.      {
```

```
5.          try
6.          {
7.                  DepartmentService departmentdal = new DepartmentService();
8.                  return departmentdal.GetAllDepartments();
9.          }
10.         catch (Exception ex)
11.         {
12.                 throw new Exception(ex.ToString());
13.         }
14.     }
15. }
```

在 ProfessionManage 类中，除添加 GetAllProfessions 方法外，还要添加 GetProfessionsByDeptID 方法。

步骤三：在窗体 FrmClubMemberManage 的 Load 事件过程中添加代码，实现组合框控件与数据源的绑定。

```
1.  int flag=0;
2.  private void FrmMemberManage_Load(object sender, EventArgs e)
3.  {
4.      //DataGirdView 中加载社员列表
5.      ...
6.      //加载"系部"组合框控件
7.      DepartmentManage departmentbll = new DepartmentManage();
8.      cmbDepartment.DataSource = departmentbll.GetAllDepartments();
9.      cmbDepartment.DisplayMember = "departmentname";
10.     cmbDepartment.ValueMember = " departmentid";
11.     flag=1;
12.     //加载"专业"组合框控件
13.     ProfessionManage professionbll = new ProfessionManage();
14.     cmbProfession.DataSource = professionbll.GetAllProfessions();
15.     cmbProfession.DisplayMember = "professionname";
16.     cmbProfession.ValueMember = "professionid";
17. }
```

步骤四：双击 cmbDepartment 控件，在默认事件 cmbDepartment_SelectedIndexChanged 过程中添加代码，实现系部与专业的动态关联。

```
1.  private void cmbDepartment_SelectedIndexChanged(object sender, EventArgs e)
2.  {
3.      ProfessionManage probll = new ProfessionManage();
4.      if (cmbDepartment.SelectedIndex != -1&&flag==1)    //保证窗体加载时不执行
5.      {
6.          int deptid = Convert.ToInt32(cmbDepartment.SelectedValue);
7.          cmbProfession.DataSource = probll.GetProfessionsByDeptID(deptid);
8.          cmbProfession.DisplayMember = "professionname";
9.          cmbProfession.ValueMember = "professionid";
10.     }
11. }
```

步骤五：添加自定义方法 LoadDetail()，在编辑区控件中显示社员信息，代码如下：

```
1.  void LoadDetail(ClubMember   cm)
2.  {
3.      txtMemberID.Text = cm.StudentID;
4.      txtName.Text = cm.Name;
5.      if (cm.Sex == "男") { rdoBoy.Checked = true; } else { rdoGirl.Checked = true; }
6.      dtpBirthday.Value = cm.Birthday;
7.      if (cm.Pic!=null)
8.      {
9.          MemoryStream stream = new MemoryStream(cm.Pic);
10.         picPicture.Image = Image.FromStream(stream);
11.     }
12.     else
13.     {
14.         picPicture.Image = Image.FromFile("nopic.jpg");
15.     }
16.     cmbGrade.Text = cm.Grade;
17.     cmbDepartment.SelectedValue = cm.DepartmentID;
18.     cmbProfession.SelectedValue = cm.ProfessionID;
19.     txtQQ.Text = cm.QQ;
20.     txtPhone.Text = cm.Phone;
21.     txtMemo.Text = cm.Memo;
22.     chkSports.Checked = false;
23.     chkLiterature.Checked = false;
24.     chkTravel.Checked = false;
25.     chkDrawing.Checked = false;
26.     chkOthers.Checked = false;
27.     string[] hobbies = cm.Hobby.Split(';');
28.     foreach (string h in hobbies)
29.     {
30.         switch (h)
31.         {
32.             case "体育": chkSports.Checked = true; break;
33.             case "文艺": chkLiterature.Checked = true; break;
34.             case "书画": chkDrawing.Checked = true; break;
35.             case "旅游": chkTravel.Checked = true; break;
36.             case "其他": chkOthers.Checked = true; break;
37.         }
38.     }
39.     txtMemo.Text = cm.Memo;
40. }
```

在 DataGridView 控件的 CellClick 事件过程中添加代码，显示社员详细信息，代码如下：

```
1. private void dgvMember_CellClick(object sender, DataGridViewCellEventArgs e)
2. {
3.      ClubMember cm = (ClubMember)dgvMember.CurrentRow.DataBoundItem;
4.      LoadDetail(cm);
5. }
```

在窗体 FrmClubMemberManage 的 Load 事件过程中补充代码，保证窗体加载后显示第一位社员的信息。

```
1. private void FrmClubMemberManage_Load(object sender, EventArgs e)
2. {
3.      //DataGirdView 中加载社员列表
4.      ...
5.      ClubMember cm = (ClubMember)dgvMember.CurrentRow.DataBoundItem;
6.      LoadDetail(cm);
7. }
```

步骤六：保存程序并运行，运行结果如图 5-5-1 所示。

技术要点

1. ADO.NET 数据绑定技术

数据绑定技术是把数据源中某个或者某些字段绑定组件的某些属性的一种技术。具体地，就是将某个或者某些字段绑定到 TextBox、ListBox、ComboBox 等控件的能够显示数据的属性上。当完成数据绑定后，其显示字段的内容将随着数据记录指针的变化而变化。这样，程序员就可以定制数据显示的方式和内容，从而为以后的数据处理做好准备。通过数据绑定技术，可以十分方便地对已经打开的数据集中的记录进行浏览、删除、插入等具体的数据操作、处理。

数据绑定分为简单数据绑定和复杂数据绑定两种。下面介绍如何用 C#实现这两种类型的绑定。

（1）简单绑定。所谓简单绑定是指将一个控件绑定单个数据元素，这种绑定一般用在显示单个值的控件上，如 TextBox 控件和 Label 控件。事实上，控件的任何属性都可以绑定数据库中的字段。

例如：下面的代码说明了如何将数据集 ds 的 student 表中的 StudentID 字段绑定到文本框的 Text 属性上。

```
txtStudentID.DataBingdings.Add("Text",ds, "student.StudentID");
```

代码中的 Add 方法中传递三个参数给 Binding 对象，其中第一个参数是指要绑定的属性名，第二个参数是指数据源，第三个参数是指要绑定的数据表字段。上面的代码也可以写成：

```
txtStudentID.DataBingdings.Add("Text",ds.Tables["student"], "StudentID");
```

（2）复杂绑定。复杂绑定是指将一个控件绑定多个数据元素，这种绑定一般用在能显示多个值的控件上，如 ComboBox、ListBox 等控件。在本任务中，年级列表、社团列表的显示均采用了复杂数据绑定。ComboBox、ListBox 等控件的复杂绑定方式为：

```
控件名.DataSource=数据源名称；
控件名.DisplayMember=字段名；
控件名.ValueMember=字段名；
```

其中，DataSource 属性是指要绑定的数据源，一般为数据集或数据表。在 Windows 窗体中，凡是能够进行复杂数据绑定的控件，必定都有一个 DataSource 属性，要建立复杂数据绑定，就需设定该控件的 DataSource 属性；DisplayMember 属性是指在控件中显示的文本；ValueMember 属性是指显示文本所对应的使用值。例如，本任务中为系部列表的组合框控件进行数据绑定的语句如下：

```
cmbDepartment.DataSource = departmentbll.GetAllDepartments();
cmbDepartment.DisplayMember = "departmentname";
cmbDepartment.ValueMember = "departmentid";
```

通过数据绑定技术，控件中显示出所有系部的名称，而列表每一项文本也对应了系部编号，这为接下来添加、修改社员信息功能的实现提供了极大的方便。

▶2. DataGridView 控件的属性、方法和事件

在本任务中，为了实现在点击数据网格时浏览社员信息的功能，在 DataGridView 控件的 CellClick 事件中编写了代码。通过属性 dgvMember.CurrentRow.DataBoundItem 获得控件当前行的数据绑定项。DataGridView 控件具有大量的属性、方法和事件，提供了强大而灵活的以表格形式显示和访问数据的方式。这里介绍 DataGridView 控件的部分常用属性、方法及事件。

（1）DataGridView 控件的常用属性如表 5-5-1 所示。

表 5-5-1　DataGridView 控件的常用属性

属　　性	说　　明
AllowUserToAddRows	指定是否允许在 DataGridView 控件中添加行。默认值为 true
AllowUserToDeleteRows	指定是否允许在 DataGridView 控件中删除行。默认值为 true
AllowUserToOrderColumns	指定是否允许在 DataGridView 控件中重新排序列。若允许，用户可以通过使用鼠标拖动列标题的方式将列移动到新位置。默认值为 false
AllowUserToResizeColumns	指定是否允许在 DataGridView 控件中调整列的大小。默认值为 true
AllowUserToResizeRows	指定是否允许在 DataGridView 控件中调整行的大小。默认值为 true
DataSource	指定 DataGridView 控件的数据源
Columns	DataGridView 控件中列的集合
Rows	DataGridView 控件中行的集合
ColumnCount	获取 DataGridView 控件中显示的列数
RowCount	获取 DataGridView 控件中显示的行数
CurrentCell	表示 DataGridView 控件中的当前单元格
CurrentRow	表示 DataGridView 控件中的当前行
MultiSelect	指定是否允许用户在 DataGridView 控件中一次选择多个单元格、多行或多列
SelectedCells	获取选定的单元格集合
SelectedColumns	获取选定的列的集合
SelectedRows	获取选定的行的集合
SelectionMode	指定如何选择 DataGridView 控件的单元格
GridColor	指定网格线的颜色

（2）DataGridView 控件的常用方法如表 5-5-2 所示。

表 5-5-2　DataGridView 控件的常用方法

方　法	说　　明
CancelEdit	取消 DataGridView 控件中的当前编辑操作 包括在 DataGridView 控件中添加的行、修改的行
EndEdit	结束 DataGridView 控件中的当前编辑操作 包括在 DataGridView 控件中添加的行、修改的行

（3）DataGridView 控件的常用事件如表 5-5-3 所示。

表 5-5-3　DataGridView 控件的常用事件

方　法	说　　明
CellClick	单击单元格的任意部分时发生
CellDoubleClick	双击单元格的任意部分时发生
CellMouseClick	在单元格中的任意位置单击鼠标时发生
CellMouseDoubleClick	在单元格中的任意位置双击鼠标时发生
CellValueChanged	单元格的值更改时发生
ColumnHeaderMouseClick	单击列标题时发生
ColumnHeaderMouseDoubleClick	双击列标题时发生
RowHeaderMouseClick	单击行标题时发生
RowHeaderMouseDoubleClick	双击行标题时发生
SelectionChanged	当前选定内容更改时发生

3. 创建 SQLHelper 类

本任务中在数据访问层 DAL 项目的多个类中定义了相似的方法，如 GetAllDepartments()、GetAllProfessions()等。它们的实现都从创建连接开始，最后执行查询操作，返回 DataTable 对象。如此一来，产生了大量的冗余代码，导致程序的可维护性差。可以通过创建一个数据库操作助手类 SQLHelper，避免重复地去写数据库连接 SqlConnection，以及创建 SqlCommand、SqlDataReader 等。通常只需要向方法传入一些参数就可以访问数据库了，十分方便。本任务中创建了多个方法用以实现不同数据表的查询，我们可以在 SQLHelper 类中定义下面的方法。

```
1.  /********************************
2.  * 类名：SQLHelper
3.  * 功能描述：提供有关访问数据库的基本操作
4.  ********************************/
5.  namespace DAL
6.  {
7.      class SQLHelper
8.      {
9.          //数据库连接字符串
10.         public static readonly string ConnectionString = "data source=(local);
11.         initial catalog =StudentClubMisDB;user id=sa;pwd=123";
```

```
12.
13.         ///<summary>
14.         ///实现查询
15.         ///</summary>
16.         ///<param name="strSQL">查询字符串</param>
17.         ///<returns>返回 DataTabel 对象</returns>
18.             public static DataTable ExecuteQuery(string strSQL)
19.             {
20.                 SqlConnection conn = new SqlConnection(ConnectionString);
21.                 try
22.                 {
23.                     SqlDataAdapter adapter = new SqlDataAdapter(strSQL, conn);
24.                     DataSet ds = new DataSet();
25.                     adapter.Fill(ds);
26.                     return ds.Tables[0];
27.                 }
28.                 catch (Exception ex)
29.                 {
30.                     throw new Exception(ex.Message);
31.                 }
32.                 finally
33.                 {
34.                     if (conn.State == ConnectionState.Open)
35.                         conn.Close();
36.                 }
37.             }
38.         }
39. }
```

使用 SQLHelper 类改写 GetAllDepartments()等方法，代码如下：

```
1.  public class DepartmentService
2.  {
3.      public DataTable GetAllDepartments()
4.      {
5.          string sql = "select * from tb_department";
6.          try
7.          {
8.              DataTable dt = SQLHelper.ExecuteQuery(sql);
9.              return dt;
10.         }
11.         catch (Exception ex)
12.         {
13.             throw new Exception(ex.Message);
14.         }
15.     }
16. }
```

在后面的任务中，我们将逐步完善 SQLHelper 类。

训练任务

（1）实现"社团管理"窗体中社团详细信息的查看功能。
（2）实现"社团活动管理"窗体中，社团活动详细信息的查看功能。

任务 5.6　添加社员

任务目标

在本任务中，将实现"社员信息管理"窗体的社员注册功能。在程序运行时，单击"添加"按钮后，允许用户在窗体右部控件中录入新社员信息，单击"保存"按钮，将社员信息存储到数据库中，添加新社员界面如图 5-6-1 所示。

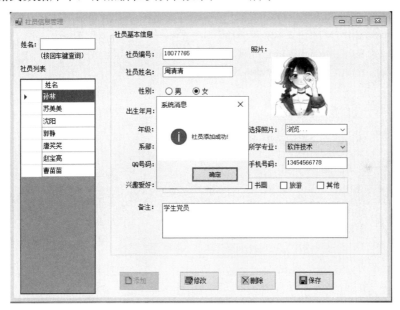

图 5-6-1　添加新社员

任务分析

本任务的核心功能是向数据库添加数据，可以通过 ADO.NET 的连接模式实现。在 Connection 对象建立连接后，通过执行 Command 对象的 ExecuteNonQuery 方法实现添加功能。由于 picture 字段采用了 Image 类型，保存社员照片时，要做一些特殊的处理，详见本任务的"拓展学习"部分。

实现过程

步骤一：完善 SQLHelper 类。

在任务 5.5 的"技术要点"中，介绍了 SQLHelper 类，该类中的自定义方法 ExecuteQuery()实现了根据 SQL 语句查询并返回数据表对象的功能。该方法适合查询操作，不适合进行数据表的增、删、改等操作，因此，继续添加自定义方法 ExecuteNonQuery()，用来执行 Insert（插入）、Update（更新）等非查询类操作。方法声明如下：

```csharp
1.  class SQLHelper
2.  {
3.       ...
4.       ///<summary>
5.       ///执行非查询指令
6.       ///</summary>
7.       ///<param name="strSQL">SQL 语句</param>
8.       ///<returns>影响的行数</returns>
9.       public static int ExecuteNonQuery(string strSQL)
10.      {
11.          SqlConnection con = new SqlConnection(ConnectionString);
12.          con.Open();
13.          try
14.          {
15.              SqlCommand cmd = new SqlCommand(strSQL, con);
16.              return (cmd.ExecuteNonQuery());
17.          }
18.          catch (Exception ex)
19.          {
20.              throw new Exception(ex.Message);
21.          }
22.          finally
23.          {
24.              if (con.State == ConnectionState.Open)
25.              {
26.                  con.Close();
27.              }
28.          }
29.      }
30.      ///<summary>
31.      ///执行非查询指令
32.      ///</summary>
33.      ///<param name="strSQL">SQL 语句</param>
34.      ///<param name="para">参数数组</param>
35.      ///<returns>影响的行数</returns>
36.      public static int ExecuteNonQuery(string strSQL, SqlParameter[] para)
37.      {
38.          SqlConnection con = new SqlConnection(ConnectionString);
39.          con.Open();
40.          try
41.          {
42.              SqlCommand cmd = new SqlCommand(strSQL, con);
```

```
43.                    cmd.Parameters.AddRange(para);
44.                    return (cmd.ExecuteNonQuery());
45.                }
46.                catch (Exception ex)
47.                {
48.                    throw new Exception(ex.Message);
49.                }
50.                finally
51.                {
52.                    if (con.State == ConnectionState.Open)
53.                    {
54.                        con.Close();
55.                    }
56.                }
57.            }
58.        }
```

步骤二：打开 MemberService 类文件，完善类中的 AddMember 方法，该方法调用了 SQLHelper 类中的 ExecuteNonQuery(string strSQL, SqlParameter[] para)方法。

```
1.   public class MemberService:IMemberService
2.   {
3.           ...
4.
5.           public bool AddMember(ClubMember member)
6.           {
7.               string sql = " Insert into tb_Member
                     values(@memberid,@clubid,@departmentid,@professionid,@grade,
                     @name,@sex,@birthday,@phone,@qq,@picture,@hobbies,@memo)";
8.               SqlParameter[] para = new SqlParameter[13];
9.               para[0] = new SqlParameter("@memberid", member.StudentID);
10.              para[1] = new SqlParameter("@clubid", member.ClubID);
11.              para[2] = new SqlParameter("@departmentid", member.DepartmentID);
12.              para[3] = new SqlParameter("@professionid", member.ProfessionID);
13.              para[4] = new SqlParameter("@grade", member.Grade);
14.              para[5] = new SqlParameter("@name", member.Name);
15.              para[6] = new SqlParameter("@sex", member.Sex);
16.              para[7] = new SqlParameter("@birthday", member.Birthday);
17.              para[8] = new SqlParameter("@phone", member.Phone);
18.              para[9] = new SqlParameter("@qq", member.QQ);
19.              para[10] = new SqlParameter("@picture", member.Pic);
20.              para[11] = new SqlParameter("@hobbies", member.Hobby);
21.              para[12] = new SqlParameter("@memo", member.Memo);
22.              try
23.              {
24.                  int n = SQLHelper.ExecuteNonQuery(sql, para);
25.                  if (n > 0)
26.                      return true;
27.                  else
```

```
28.                    return false;
29.                }
30.            catch (Exception ex)
31.            {
32.                    throw new Exception(ex.Message);
33.            }
34.        }
35.  }
```

步骤三： 在 MemberManage 类中添加方法 AddMember()，调用数据层添加成员的方法，代码如下：

```
1.  public class MemberManage
2.  {
3.      public bool AddMember(ClubMember member)
4.      {
5.          try
6.          {
7.              MemberService memberdal = new MemberService();
8.              return memberdal.AddMember(member);
9.          }
10.         catch (Exception ex)
11.         {
12.             throw new Exception(ex.ToString());
13.         }
14.     }
15. }
```

步骤四： 在 FrmMemberManage 窗体的 Load 事件过程中添加代码：

```
1.  private void FrmClubMemberManage_Load(object sender, EventArgs e)
2.  {
3.      ...
4.      EnableControl(false);          //编辑区控件不可用
5.      btnSave.Enabled = false;       // "保存" 按钮不可用
6.  }
```

定义窗体级变量 op，用于记录当前操作，在"添加"按钮的 Click 事件过程中编写代码：

```
1.  string op="";
2.  private void btnAdd_Click(object sender, EventArgs e)
3.  {
4.      EnableControl(true);
5.      Init();
6.      op = "添加";
7.      btnSave.Enabled = true;
8.      btnAdd.Enabled = false;
9.  }
```

上述代码中，EnableControl()和 Init()为自定义方法，前者用于进行启动或禁用控件，后者用于对窗体界面进行初始化操作。方法代码如下：

```
1.   public void EnableControl(bool value)
2.   {
3.       txtMemberID.Enabled = value;
4.       txtName.Enabled = value;
5.       rdoBoy.Enabled = value;
6.       ...
7.   }
8.
9.   public void Init()
10.  {
11.      txtMemberID.Text = "";
12.      txtName.Text = "";
13.      rdoBoy.Checked = true;
14.      rdoGirl.Checked = false;
15.      cmbDepartment.SelectedIndex = 0;
16.      cmbGrade.SelectedIndex = 0;
17.      cmbSetPic.SelectedIndex = 0;
18.      cmbProfession.SelectedIndex = 0;
19.      dtpBirthday.Value = DateTime.Now;
20.      txtQQ.Text = "";
21.      txtPhone.Text = "";
22.      chkDrawing.Checked = false;
23.      chkLiterature.Checked = false;
24.      chkOthers.Checked = false;
25.      chkSports.Checked = false;
26.      chkTravel.Checked = false;
27.      txtMemo.Text = "";
28.      picPicture.Image = Image.FromFile("nopic.jpg");
29.  }
```

步骤五： 定义窗体级变量 picPath，保存照片的路径，默认照片文件名为 nopic.jpg。

```
string op = "";
string picPath = "nopic.jpg";
```

在任务 4.5 中完成的 cmbSetPic 控件的 SelectedIndexChanged 的事件过程中继续添加代码，将照片路径保存在 picPath 变量中，完整代码如下：

```
1.   private void cmbSetPic_SelectedIndexChanged(object sender, EventArgs e)
2.   {
3.       if (cmbSetPic.SelectedIndex == 0)          //如果选择了"暂无照片"选项
4.       {
5.           picPicture.Image = Image.FromFile("nopic.jpg");
6.       }
7.       if (cmbSetPic.SelectedIndex == 1)          //如果选择了"浏览…"选项
8.       {
9.           DialogResult result = dlgOpenFile.ShowDialog();
10.          if (result == DialogResult.OK)          //如果用户单击"确定"按钮
11.          {
12.              if (dlgOpenFile.FileName != "")
13.              {
```

```
14.                    picPicture.Image = Image.FromFile(dlgOpenFile.FileName);
15.                    picPath = dlgOpenFile.FileName;
16.               }
17.          }
18.     }
19. }
```

添加自定义方法 ImageToStream(string fileName)，把指定文件名的图片转化为二进制流 byte[]。方法声明如下：

```
1. private byte[] ImageToStream(string fileName)
2. {
3.      Bitmap image = new Bitmap(fileName);
4.      MemoryStream stream = new MemoryStream();
5.      image.Save(stream, System.Drawing.Imaging.ImageFormat.Bmp);
6.      return stream.ToArray();
7. }
```

步骤六： 在"保存"按钮的 Click 事件过程中编写代码，实现社员信息添加功能。

```
1. private void btnSave_Click(object sender, EventArgs e)
2. {
3.      #region 保存信息
4.      if (txtMemberID.Text.Trim()=="" || txtName.Text.Trim()=="")
5.      {
6.           MessageBox.Show("请输入社员编号和名称！","系统消息",
                 MessageBoxButtons. OK, MessageBoxIcon.Information);
7.           return;
8.      }
9.      string studentid = txtMemberID.Text;
10.     string name = txtName.Text;
11.     string sex = "";
12.     if (rdoBoy.Checked) { sex = "男";}   else   { sex = "女";}
13.     DateTime birthday = dtpBirthday.Value;
14.     string grade = cmbGrade.Text;
15.     int departmentid =Convert.ToInt32(cmbDepartment.SelectedValue);
16.     int professionid = Convert.ToInt32(cmbProfession.SelectedValue);
17.     int clubid = FrmLogin.clubid;
18.     byte[] pic = ImageToStream(picPath);
19.     string qq = txtQQ.Text;
20.     string phone = txtPhone.Text;
21.     string memo = txtMemo.Text;
22.     string hobbies = "";
23.     if (chkSports.Checked)        {      hobbies += chkSports.Text + ";";      }
24.     if (chkLiterature.Checked)    {      hobbies += chkLiterature.Text + ";";  }
25.     if (chkTravel.Checked)        {      hobbies += chkTravel.Text + ";";      }
26.     if (chkDrawing.Checked)       {      hobbies += chkDrawing.Text + ";";     }
27.     if (chkOthers.Checked)        {      hobbies += chkOthers.Text + ";";      }
28.     ClubMember cm = new ClubMember(studentid,name,sex,birthday,
                grade,departmentid,professionid,clubid,qq,phone,pic,hobbies,memo);
29.     MemberManage memberbll = new MemberManage();
```

```
30.        if(op == "添加")
31.        {
32.            if (memberbll.AddMember(cm))
33.            {
34.                MessageBox.Show("社员添加成功!", "系统消息",
                   MessageBoxButtons.OK, MessageBoxIcon.Information);
35.            }
36.            else
37.            {
38.                MessageBox.Show("社员添加失败!", "系统消息",
                   MessageBoxButtons.OK, MessageBoxIcon.Information);
39.            }
40.        }
41.        btnSave.Enabled = false;
42.        btnUpdate.Enabled = true;
43.        btnAdd.Enabled = true;
44.        btnDel.Enabled = true;
45.        EnableControl(false);        //禁用控件
46.
47.    }
48.    #endregion
49. }
```

步骤七：保存程序并运行，运行结果如图 5-6-1 所示。

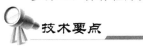
技术要点

1. 参数化查询

在本任务中，数据访问层 MemberService 类中的 AddMember 方法采用了参数化查询方法。下面具体介绍参数化查询。

参数化查询（Parameterized Query）是指在设计与数据库连接并访问数据时，在需要填入数值或数据的地方，使用参数（Parameter）赋值，这个方法目前已被视为可预防 SQL 注入攻击的最有效的防御方式。那么，如何灵活地应用参数化查询方法呢？

例如，有如下的 SQL 语句：

```
select FirstName from Customers where CustomerID=@CustomerID
```

我们只需简单建立一个 SqlParameter 对象，并将它加入到当前命令的 SqlCommand.Parameters 集中。下面是完整的代码：

```
string strsql="select FirstName from Customers where CustomerID=@CustomerID";
SqlCommand cmd=new SqlCommand(strsql, connection);
SqlParameter parameter=new SqlParameter("@CustomerID", "123454");
cmd.Parameters.Add(parameter);
SqlDataReader reader=cmd.ExecuteReader();
```

如果 SQL 语句中的参数个数较多，可以使用参数数组。如下面的示例代码：

```
SqlParameter[] parms = new SqlParameter[]
{
    new SqlParameter("@Username", SqlDbType.NVarChar,20),
```

```
            new SqlParameter("@Password", SqlDbType.NVarChar,20),
    };
    SqlCommand cmd = new SqlCommand(sqlStr, conn);
    parms[0].Value = loginId;                    //依次给参数赋值
    parms[1].Value = loginPwd;
    foreach (SqlParameter parm in parms)         //将参数添加到 SqlCommand 命令中
    {
        cmd.Parameters.Add(parm);
    }
```

参数化查询方法主要应用于需要执行的创建、查询、更新与删除的操作。参数化查询方法在许多情况下应用起来十分方便，如果应用得当，能够显著提高开发效率。

❷2. Command 对象 ExecuteNonQuery 方法

ExecuteNonQuery 方法是 Command 对象的常用方法之一，它用于执行与 UPDATE、INSERT 和 DELETE 等语句有关的操作，在这些情况下，方法的返回值是命令影响的行数。例如，执行 INSERT 操作，如果成功插入一条记录，将返回 1，否则返回 0，可以通过该方法的返回值来判断是否操作成功。SQLHelper 类中的 ExecuteNonQuery 方法的返回值就是调用 cmd 对象的 ExecuteNonQuery 方法后的返回值。

 拓展学习

❷ 流技术文件读写

在本任务中，社员照片的保存使用了 C#的流技术将图片文件转换成二进制数据格式，存储在数据库 Image 类型的字段 picture 中，这里简单介绍 C#中的流。

计算机中的流是一种信息的转换。很多应用程序的基本任务是操作数据，这就需要对数据进行访问和保存，即对数据进行读/写操作，通过程序访问一个文件（如文本文件、图片文件）的操作叫作"读"，读出流中的数据并把数据放在另一种数据结构（如数组）中；对文件内容进行修改并保存的操作被称为"写"。C#提供了一个名为 System.IO 的名称空间，用于对文本和流进行处理。IO 名称空间包括的类主要用于对文件和数据进行读/写，并提供基本的文件和目录支持，现将 IO 名称空间中最常用的类介绍如下。

Stream 类：流的基类，定义流的基本操作。

FileStream 类：用于对文件执行读/写操作，支持同步和异步读/写。

MemoryStream 类：无缓存的流，该流以内存作为数据流。

NetWorkStream 类：以网络为数据源的流，可以通过此流发送或接收网络数据。

TextReader 类：StreamReader 对象的抽象基类，定义基本字符读取操作。

TextWriter 类：StreamWriter 对象的抽象基类，定义基本字符写入操作。

StreamWriter 类：向流写入字符。

StreamReader 类：实现从流读取字符操作。

下面是将文本文件的内容输出到控制台的示例代码。

```
using System;
using System.IO;
...
```

```
static void Main(string[] args)
{
    FileStream fs=new FileStream("c:\\test.txt",FileMode.Open);
    long i=fs.Length;
    byte[] b=new byte[i];
    fs.Read(b,0,b.length);
    UTF8Encoding T = new UTF8Encoding(true);
    string data = temp.GetString(b);
    Console.WriteLine(data);
    fs.Close();
}
```

通过 Read 方法读文件，通过 Write 方法写文件。

```
FileStream fs=new FileStream("c:\\test.txt",FileMode.Open);
UTF8Encoding T = new UTF8Encoding(true);
string data = "ABCDEFG";
long i=fs.Length;
byte[] b = T.GetBytes(data);
fs.Write(b,0,b.Length);
fs.Close();
```

训练任务

（1）实现"社团管理"窗体中社团信息的添加功能。

（2）实现"社团活动管理"窗体中社团活动的添加功能。

任务 5.7　删除、修改社员

任务目标

　　删除操作是软件系统中的一个常用操作，但要注意，未经过用户或系统的许可情况下的删除是非法操作，可能给系统数据的完整性带来严重危害，造成经济损失，甚至是影响国家安全。本任务中，将实现"社员信息管理"窗体的删除社员和修改社员功能。在程序运行时，在窗体左侧社员列表中选中某社员后，可以通过单击"删除"按钮来清除该社员的信息；单击"修改"按钮，允许用户在窗体右部控件中更改该社员信息；单击"保存"按钮，将更新后的社员信息存储到数据库中，删除、修改社员信息界面如图 5-7-1、图 5-7-2 所示。

图 5-7-1　删除社员信息界面

图 5-7-2　修改社员信息界面

任务分析

本任务的实现思路与任务 5.6 相似，删除操作的核心方法为 DeleteMember 方法，修改操作的核心方法为 UpdateMember 方法，在窗体按钮对应的 Click 事件中，调用相关方法，即可实现功能。

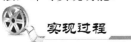实现过程

首先实现社员信息删除功能。

步骤一： 实现数据层 DeleteMember 方法。

在数据层 MemberService 类中，实现根据编号删除社员信息的方法 DeleteMember()。

```
1.  public class MemberService
2.  {
3.      …
4.      ///<summary>
5.      ///根据编号删除成员
6.      ///</summary>
7.      ///<param name="id">社员编号</param>
8.      ///<returns>成功或失败</returns>
9.      public bool DeleteMember(string id)
10.     {
11.         string sql = "delete from tb_Member where id=@memberid";
12.         SqlParameter[] para = new SqlParameter[1];
13.         para[0] = new SqlParameter("@memberid", id);
14.         try
15.         {
16.             int n = SQLHelper.ExecuteNonQuery(sql, para);
```

```
17.            if (n > 0)
18.                return true;
19.            else
20.                return false;
21.        }
22.        catch (Exception ex)
23.        {
24.            throw new Exception(ex.Message);
25.        }
26.    }
27. }
```

步骤二： 实现业务逻辑层 DeleteMember 方法。

在业务逻辑层 MemberManage 类中，编写方法 DeleteMember()，代码如下：

```
1.  public class MemberManage
2.  {
3.      ...
4.      public bool DeleteMember(string id)
5.      {
6.          try
7.          {
8.              MemberService memberdal = new MemberService();
9.              return memberdal.DeleteMember(id);
10.         }
11.         catch (Exception ex)
12.         {
13.             throw new Exception(ex.ToString());
14.         }
15.     }
16. }
```

步骤三： 为表示层"删除"按钮 Click 事件编写代码。

在"社员信息管理"窗体的"删除"按钮的 Click 事件过程中，编写代码如下：

```
1.  private void btnDel_Click(object sender, EventArgs e)
2.  {
3.      string name = txtName.Text;
4.      DialogResult result = MessageBox.Show("确定要删除社员"+name+"吗？",
        "系统消息", MessageBoxButtons.YesNo, MessageBoxIcon.Question);
5.      if (result==DialogResult.Yes)
6.      {
7.          MemberManage memberbll = new MemberManage();
8.          if (memberbll.DeleteMember(txtMemberID.Text))
9.          {
10.             MessageBox.Show("删除成功!", "系统消息",
11.             MessageBoxButtons.OK, MessageBoxIcon.Information);
```

```
12.                  }
13.              }
14.  }
```

接着，实现社员信息修改功能。

步骤一： 在数据层实现 UpdateMember 方法。

在数据层 MemberService 类中，实现修改社员信息的方法 UpdateMember()。

```
1.   public class MemberService
2.   {
3.        ...
4.        ///<summary>
5.        ///修改成员
6.        ///</summary>
7.        ///<param name="member">社员对象</param>
8.        ///<returns>成功或失败</returns>
9.        public bool UpdateMember(ClubMember member)
10.       {
11.           string sql = " Update tb_Member set
                  clubid=@clubid,
                  departmentid=@departmentid,
                  professionid=@professionid,
                  grade=@grade,
                  name=@name,
                  sex=@sex,
                  birthday=@birthday,
                  phone=@phone,
                  qq=@qq,
                  picture=@picture,
                  hobbies=@hobbies,
                  memo=@memo
                  where id=@memberid";
12.           SqlParameter[] para = new SqlParameter[13];
13.           para[0] = new SqlParameter("@memberid", member.StudentID);
14.           para[1] = new SqlParameter("@clubid", member.ClubID);
15.           para[2] = new SqlParameter("@departmentid", member.DepartmentID);
16.           para[3] = new SqlParameter("@professionid", member.ProfessionID);
17.           para[4] = new SqlParameter("@grade", member.Grade);
18.           para[5] = new SqlParameter("@name", member.Name);
19.           para[6] = new SqlParameter("@sex", member.Sex);
20.           para[7] = new SqlParameter("@birthday", member.Birthday);
21.           para[8] = new SqlParameter("@phone", member.Phone);
22.           para[9] = new SqlParameter("@qq", member.QQ);
23.           para[10] = new SqlParameter("@picture", member.Pic);
24.           para[11] = new SqlParameter("@hobbies", member.Hobby);
25.           para[12] = new SqlParameter("@memo", member.Memo);
26.           try
```

```
27.                 {
28.                     int n = SQLHelper.ExecuteNonQuery(sql, para);
29.                     if (n > 0)
30.                         return true;
31.                     else
32.                         return false;
33.                 }
34.             catch (Exception ex)
35.             {
36.                 throw new Exception(ex.Message);
37.             }
38.         }
39. }
```

步骤二：在业务逻辑层实现 UpdateMember 方法。

在业务逻辑层 MemberManage 类中，编写方法 UpdateMember()，代码如下：

```
1.  public class MemberManage
2.  {
3.      ...
4.      public bool UpdateMember()(ClubMember member)
5.      {
6.          try
7.          {
8.              MemberService memberdal = new MemberService();
9.              return memberdal.UpdateMember(member);
10.         }
11.         catch (Exception ex)
12.         {
13.             throw new Exception(ex.ToString());
14.         }
15.     }
16. }
```

步骤三：为表示层"修改"按钮和"保存"按钮的 Click 事件编写代码。

在"社员信息管理"窗体的"修改"按钮的 Click 事件过程中，编写代码如下：

```
1.  private void btnUpdate_Click(object sender, EventArgs e)
2.  {
3.      EnableControl(true);    //启用控件
4.      op = "修改";
5.      btnAdd.Enabled = false;
6.      btnDel.Enabled = false;
7.      btnSave.Enabled = true;
8.      btnUpdate.Enabled = false;
9.  }
```

在"保存"按钮的 Click 事件过程中，继续添加代码如下：

```
1.  private void btnSave_Click(object sender, EventArgs e)
2.  {
3.      #region  保存信息
4.      if (txtMemberID.Text==""|| txtName.Text=="")   //保证编号和姓名不为空
5.      {
6.          ...
7.      }
8.      string studentid = txtMemberID.Text;     //获取各控件中数据
9.      ...
10.     ClubMember cm = new ClubMember(studentid,name,sex,birthday,
        grade,departmentid,professionid,clubid,qq,phone,pic,hobbies,memo);
11.     MemberManage memberbll = new MemberManage();
12.     if(op == "添加")
13.     {
14.         ...
15.     }
16.     if(op == "修改")
17.     {
18.         if (memberbll.UpdateMember(cm))
19.         {
20.             MessageBox.Show("社员修改成功!","系统消息",
                MessageBoxButtons.OK, MessageBoxIcon.Information);
21.         }
22.         else
23.         {
24.             MessageBox.Show("社员修改失败!","系统消息",
                MessageBoxButtons.OK, MessageBoxIcon.Information);
25.         }
26.     }
27.     ...       //禁用控件等
28.     #endregion
29. }
```

步骤四：保存程序并运行，运行结果如图 5-7-1、图 5-7-2 所示。

训练任务

（1）实现"社团管理"窗体中社团信息的删除、修改功能。

（2）实现"社团活动管理"窗体中社团活动的删除、修改功能。

任务 5.8　社团活动考勤

任务目标

本任务需要创建"社团活动考勤"窗体，实现对社员参与社团活动的情况进行考勤管理。该窗体具备以下功能：

（1）窗体中显示当前用户所负责社团的所有活动列表；

（2）用户对社员参与活动情况进行考勤（在名字前勾选），也可以对已有的考勤结果进行修改。为方便用户操作，窗体提供"全选"和"取消全选"功能。

"活动考勤"窗体界面如图 5-8-1 所示。

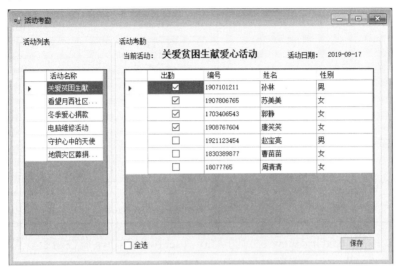

图 5-8-1 "活动考勤"窗体界面

 任务分析

"活动考勤"子模块的业务流程如图 5-8-2 所示，如果是首次考勤，那么在"活动考勤"窗体中进行考勤，并添加考勤记录；如果是重新考勤，那么在出勤列表中进行操作，并修改原有记录。

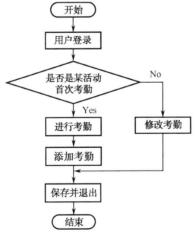

图 5-8-2 "活动考勤"子模块的业务流程

 **实现过程**

步骤一： 在项目中新建"活动考勤"窗体，命名为 FrmCheckAttendance。

步骤二： 在窗体中添加控件，控件属性设置如表 5-8-1 所示。

表 5-8-1　窗体控件属性设置

控 件 类 型	控 件 说 明	属　　性	属 性 值
Label	显示当前活动	(Name)	lblActivity
		Text	（清空）
	显示活动日期	(Name)	lblDate
		Text	（清空）
Button	保存按钮	(Name)	btnSave
		Text	保存
CheckBox	是否全选	(Name)	chkCheckAll
		Text	全选
DataGridView	显示社员列表	(Name)	dgvMember
		AllowUserToAddRow	False
	显示活动列表	(Name)	dgvActList
		AllowUserToAddRow	False

在表 5-8-1 中，DataGridView 控件的 AllowUserToAddRows 属性用于设置是否允许用户进行添加行的操作。与之类似的属性还有 AllowUserToDeleteRows、AllowUserToOrderRows 等。

步骤三：为 DataGridView 控件添加复选框列。

（1）选中窗体中的 DataGridView 控件，单击控件右上角的黑色小箭头，弹出"DataGridView 任务"面板，如图 5-8-3 所示。

（2）单击"DataGridView 任务"面板中的"添加列…"选项，弹出"添加列"对话框如图 5-8-4 所示，在"类型"下拉列表中选择"DataGridViewCheckBoxColumn"选项，在"页眉文本"文本框中输入"出勤"。单击"添加"按钮，将该列添加到控件中，再以同样方式添加若干数据列。

图 5-8-3　"DataGridView 任务"面板

图 5-8-4　"添加列"对话框

步骤四：在数据访问层 DAL 项目中创建类并编写方法代码。

（1）实现 ActivityService 类的各方法，其中 GetAllActivitiesByClubID 方法如下：

```
1.  public class ActivityService : IActivityService
2.  {
3.        public ArrayList GetAllActivitiesByClubID(int clubid)
4.        {
5.            string sql = "select * from tb_activity where clubid=" + clubid;
6.            ArrayList activityList = null;
7.            try
8.            {
9.                DataTable dt = SQLHelper.ExecuteQuery(sql);
10.               if (dt.Rows.Count > 0)
11.               {
12.                   activityList = new ArrayList();
13.                   for (int i = 0; i < dt.Rows.Count; i++)
14.                   {
15.                       Activity activity = new Activity();
16.                       DataRow row = dt.Rows[i];
17.                       activity.ActivityID =int.Parse( row["activityid"].ToString());
18.                       activity.ActivityName = row["activityname"].ToString();
19.                       activity.ClubID = int.Parse(row["clubid"].ToString());
20.                       activity.Place = row["place"].ToString();
21.                       activity.Expenditure = int.Parse(row["expenditure"].ToString());
22.                       activity.ActivityDate = Convert.ToDateTime(row["activitydate"]);
23.                       activityList.Add(activity);
24.                   }
25.               }
26.           }
27.           catch (Exception ex)
28.           {
29.               throw new Exception(ex.Message);
30.           }
31.           return activityList;
32.       }
33.  }
```

（2）创建 AttendanceService 类，定义获取考勤记录的方法 GetAttendance()、添加和更新考勤记录的方法 AddAttendance()和 UpdateAttendance()等，代码如下：

```
1.  public class AttendanceService
2.  {
3.        public Attendance GetAttendance(string memberid,int activityid)
4.        {
5.            string sql = "Select * from tb_Attendance where
                       memberid=@memberid and activityid=@activityid";
6.            SqlParameter[] para = new SqlParameter[2];
7.            para[0] = new SqlParameter("@memberid", memberid);
8.            para[1] = new SqlParameter("@activityid", activityid);
```

```
9.              DataTable dt;
10.             try
11.             {
12.                 dt = SQLHelper.ExecuteQuery(sql,para);
13.             }
14.             catch (Exception ex)
15.             {
16.                 throw new Exception(ex.Message);
17.             }
18.             Attendance attendance=null;
19.             if (dt.Rows.Count != 0)
20.             {
21.                 int id = Convert.ToInt32(dt.Rows[0]["id"]);
22.                 string mid = dt.Rows[0]["memberid"].ToString();
23.                 int actid = Convert.ToInt32(dt.Rows[0]["activityid"].ToString());
24.                 bool attend = Convert.ToBoolean(dt.Rows[0]["attend"]);
25.                 attendance = new Attendance(id, actid, mid, attend);
26.             }
27.             return attendance;
28.         }
29.
30.     public bool AddAttendance(Attendance attendance)
31.         {
32.             string sql = "insert into tb_Attendance values(@activityid,@memberid,@attend)";
33.             SqlParameter[] para = new SqlParameter[3];
34.             para[0] = new SqlParameter("@memberid", attendance.MemberID);
35.             para[1] = new SqlParameter("@activityid", attendance.ActivityID);
35.             para[2] = new SqlParameter("@attend", attendance.Attend);
36.             try
37.             {
38.                 int n = SQLHelper.ExecuteNonQuery(sql.ToString(),para);
39.                 if (n > 0)
40.                     return true;
41.                 else
42.                     return false;
43.             }
44.             catch (Exception ex)
45.             {
46.                 throw new Exception(ex.Message);
47.             }
48.         }
49.
50.     public bool UpdateAttendance(Attendance attendance)
51.         {
```

```
52.         string sql = "update tb_Attendance set attend=@attend where id=@id";
53.         SqlParameter[] para = new SqlParameter[2];
54.         para[0] = new SqlParameter("@id", attendance.ID);
55.         para[1] = new SqlParameter("@attend", attendance.Attend);
56.         try
57.         {
58.             int n = SQLHelper.ExecuteNonQuery(sql.ToString(), para);
59.             if (n > 0)
60.                 return true;
61.             else
62.                 return false;
63.         }
64.         catch (Exception ex)
65.         {
66.             throw new Exception(ex.Message);
67.         }
68.     }
69. }
```

上述代码中的考勤记录类 Attendance 可以定义如下:

```
1.  public class Attendance
2.  {
3.      private int id;              //考勤记录编号
4.      private int activityid;      //活动编号
5.      private string memberid;     //成员编号
6.      private bool attend;         //是否出勤
7.
8.      public int ID
9.      {
10.         get { return id; }
11.         set { id = value; }
12.     }
13.     public int ActivityID
14.     {
15.         get { return activityid; }
16.         set { activityid = value; }
17.     }
18.     public string MemberID
19.     {
20.         get { return memberid; }
21.         set { memberid = value; }
22.     }
23.     public bool Attend
24.     {
25.         get { return attend; }
26.         set { attend = value; }
27.     }
```

```
28.         public Attendance(int id,int activityid,string memberid,bool attend)
29.         {
30.             this.ID = id;
31.             this.ActivityID = activityid;
32.             this.MemberID = memberid;
33.             this.Attend = attend;
34.         }
35.     }
```

步骤五： 在业务逻辑层 BLL 项目中创建类并编写方法代码。

在 BLL 项目中创建 AttendanceManage 类，创建 GetAttendance()、AddAttendance()、UpdateAttendance()等方法，代码如下：

```
1.  public class AttendanceManage
2.  {
3.      public Attendance GetAttendance(string memberid,int activityid)
4.      {
5.          try
6.          {
7.              AttendanceService dalattendance = new AttendanceService();
8.              return dalattendance.GetAttendance(memberid, activityid);
9.          }
10.         catch (Exception ex)
11.         {
12.             throw new Exception(ex.ToString());
13.         }
14.     }
15.
16.     public bool AddAttendance(Attendance attendance)
17.     {
18.         try
19.         {
20.             AttendanceService dalattendance = new AttendanceService();
21.             return dalattendance.AddAttendance(attendance);
22.         }
23.         catch (Exception ex)
24.         {
25.             throw new Exception(ex.ToString());
26.         }
27.     }
28.
29.     public bool UpdateAttendance(Attendance attendance)
30.     {
31.         try
32.         {
33.             AttendanceService dalattendance = new AttendanceService();
34.             return dalattendance.UpdateAttendance(attendance);
35.         }
36.         catch (Exception ex)
```

```
37.          {
38.              throw new Exception(ex.ToString());
39.          }
40.      }
41. }
```

步骤六: 在表示层"活动考勤"窗体 FrmCheckAttendance 中添加事件过程代码。

(1) 初始化窗体,两个 DataGridView 控件分别显示当前社团活动列表和社员列表,窗体 Load 事件响应方法代码如下:

```
1.  int currentactivityid = 0;
2.  private void FrmCheckAttendance_Load(object sender, EventArgs e)
3.  {
4.      ActivityManage activitybll = new ActivityManage();
5.      dgvActList.AutoGenerateColumns = false;
6.      dgvActList.DataSource = activitybll.GetActivitiesByClubID(FrmLogin.clubid);
7.
8.      MemberManage memberbll = new MemberManage();
9.      dgvMember.AutoGenerateColumns = false;
10.     dgvMember.DataSource = memberbll.GetAllMembers(FrmLogin.clubid);
11. }
```

(2) 添加 dgvActList 控件的 CellClick 事件响应方法代码,实现单击活动列表时查看考勤详情的功能,代码如下:

```
1.  private void dgvActList_CellClick(object sender, DataGridViewCellEventArgs e)
2.  {
3.      Activity act = (Activity)dgvActList.CurrentRow.DataBoundItem;
4.      lblActivityName.Text = act.ActivityName;
5.      lblDate.Text = act.ActivityDate.ToShortDateString();
6.      currentactivityid = act.ActivityID;
7.      btnSave.Enabled = true;
8.      for (int i = 0; i < dgvMember.Rows.Count; i++)
9.      {
10.         dgvMember.Rows[i].Cells[0].Value = false;
11.     }
12.     for (int i = 0; i < dgvMember.Rows.Count; i++)
13.     {
14.         AttendanceManage attendancebll = new AttendanceManage();
15.         string memberid = dgvMember.Rows[i].Cells[1].Value.ToString();
16.         Attendance attendance = attendancebll.GetAttendance(memberid, currentactivityid);
17.         if (attendance != null)
18.         {
19.             dgvMember.Rows[i].Cells[0].Value = attendance.Attend;
20.         }
21.     }
22. }
```

【代码解读】

第 3 行:获取当前行数据绑定项对象。

第 8~11 行:遍历 dgvMember 控件中的所有数据行,将复选框列取消勾选。

dgvMember.Rows[i].Cells[0].Value 表示获取 dgvMember 控件第 i 行第 0 列单元格中的值（True 或 False），Value 值因列类型的不同而有所区别。

第 12～21 行：通过语句"dgvMember.Rows[i].Cells[1].Value"获取每行社员编号，查询考勤记录，若存在，则勾选复选框选项。

（3）添加"保存"按钮的 Click 事件的响应代码，实现保存考勤记录的功能，代码如下：

```
1.  private void btnSave_Click(object sender, EventArgs e)
2.  {
3.      AttendanceManage attendancebll = new AttendanceManage();
4.      int i;
5.      for ( i= 0; i < dgvMember.Rows.Count; i++)
6.      {
7.          bool attend = Convert.ToBoolean(dgvMember.Rows[i].Cells[0].Value);
8.          string memberid = dgvMember.Rows[i].Cells[1].Value.ToString();
9.          Attendance attendance = attendancebll.GetAttendance(memberid, currentactivityid);
10.         if (attendance == null)
11.         {
12.             attendance = new Attendance(0, currentactivityid, memberid, attend);
13.             attendancebll.AddAttendance(attendance);
14.         }
15.         else
16.         {
17.             attendance = new Attendance(attendance.ID, currentactivityid, memberid, attend);
18.             attendancebll.UpdateAttendance(attendance);
19.         }
20.     }
21.     if (i == dgvMember.Rows.Count)
22.     {
23.         MessageBox.Show("保存成功！", "系统消息", MessageBoxButtons.OK,
                MessageBoxIcon.Information);
24.     }
25. }
```

保存操作要针对初次考勤和修改考勤记录两种情况进行，根据活动编号和成员编号查询考勤记录表，将结果保存在 attendance 对象中；若无记录，则在考勤记录表中执行添加操作，若已有记录，则进行更新操作。

（4）为"全选"复选框编写 CheckeChanged 事件代码。

```
1.  private void chkCheckAll_CheckedChanged(object sender, EventArgs e)
2.  {
3.      if (chkCheckAll.Checked)
4.      {
5.          for (int i = 0; i < dgvMember.Rows.Count; i++)
6.          {
7.              dgvMember.Rows[i].Cells[0].Value = true;
8.          }
9.      }
```

```
10.     else
11.     {
12.         for (int i = 0; i < dgvMember.Rows.Count; i++)
13.         {
14.             dgvMember.Rows[i].Cells[0].Value=false;
15.         }
16.     }
17. }
```

步骤七： 保存文件，运行程序，结果如图 5-8-1 所示。

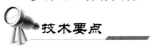技术要点

DataGridView 控件列类型

在本任务中，DataGridView 控件不但显示了数据，而且还包含了一个复选框列，用来实现多选操作。当对 DataGridView 控件进行数据绑定后，默认情况下，自动生成的列会与数据源数据类型相适应，最常见的为文本类型。其实，DataGridView 控件提供了多种列类型用以满足显示不同类型数据的需要，并允许用户修改和添加数据。表 5-8-2 描述了 DataGridView 控件的列类型，它们都继承自基类 DataGridViewColumn。

表 5-8-2　DataGridView 控件的列类型

列 类 型	描 述
DataGridViewTextBoxColumn	显示基于文本的值。绑定数字和字符串值时会自动生成该类型的列
DataGridViewCheckBoxColumn	显示 Boolean 和 CheckState 类型的值，绑定上述类型值时会自动生成该类型的列
DataGridViewImageColumn	显示图像。绑定 byte 数组、Image 对象、图标对象时会自动生成该类型的列
DataGridViewButtonColumn	在单元格内显示按钮。在绑定时不会自动生成，一般用于非绑定列
DataGridViewComboBoxColumn	在单元格内显示下拉列表。在绑定时不会自动生成，一般需要手工绑定
DataGridViewLinkColumn	在单元格内显示链接。在绑定时不会自动生成，一般需要手工绑定

也可以自行创建列的实例，将它们加入 DataGridView 控件的 Columns 集合中，这些列可用作非绑定列，也可以通过手动方式让它们用于绑定数据。在本任务的步骤三中，通过操作面板为 DataGridView 控件添加了一个复选框列,这个操作也可以通过代码实现。示例 5.8.1 通过编程方式在 "活动考勤" 窗体的 DataGridView 控件中创建了一个按钮列，如图 5-8-5 所示。

示例 5.8.1： 在 DataGridView 控件中创建按钮列。

```
private void FrmCheckAttendance_Load(object sender, EventArgs e)
{
    ...
    DataGridViewButtonColumn buttonColumn = new DataGridViewButtonColumn();
    buttonColumn.HeaderText = "按钮列";
    buttonColumn.DefaultCellStyle.NullValue = "查看";
    this.gvMember.Columns.Add(buttonColumn);
}
```

需要注意，在用户界面的展现上，按钮列虽然表现为一列按钮的样子，但是实际它

们并不是传统意义的按钮，而是渲染出来的样式。所以，对传统按钮的操作方法，在这里都将失效。如果希望单击按钮后弹出一个消息框，那么应该编写如下一段代码，按钮响应效果如图 5-8-6 所示。

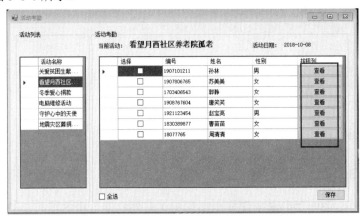

图 5-8-5　DataGridView 控件中创建按钮列

```csharp
private void dgvMember_CellContentClick(object sender, DataGridViewCellEventArgs e)
{
    //判断用户单击的是按钮列并确保不是标题行
    if(dgvMember.Columns[e.ColumnIndex] is DataGridViewButtonColumn && e.RowIndex > -1)
    {
        MessageBox.Show("您查看的是成员" + dgvMember.Rows[e.RowIndex].Cells[2]. Value+ "的考勤记录！","系统消息");
    }
}
```

图 5-8-6　DataGridView 控件中的按钮响应效果

▽ 项目小结

本项目在实现"学生社团管理系统"用户登录、成员管理等功能的过程中，向读者介绍了 ADO.NET 数据库访问技术，包括 ADO.NET 的概念与组成、ADO.NET 的两种数据访问模式、创建连接、创建命令、数据绑定等。此外，项目的实现采用了三层架构，对三层架构的相关知识也进行了介绍。

项 目 *6*

系统打包发布与安装部署

在个人计算机的使用早期，成功安装一个应用程序通常就像将文件复制到硬盘上一样简单。随着应用程序日益复杂和成熟，典型安装程序所需要的文件数已从十几个文件增加到数百个甚至上千个文件。因此，一个应用程序一旦构建完成，就需要对其进行部署（打包）。Windows 应用程序部署就是将用户所编写的程序编译成可执行文件，然后制作成可以脱离编译环境的安装文件，以方便在其他机器上安装使用。

"学生社团管理系统"的运行依赖于.NET 框架和微软数据库引擎，如何对该应用程序进行打包并确保它在其他计算机上正常运行和使用？本项目将详细介绍 Windwos 应用程序的部署方法，实现对"学生社团管理系统"的打包部署和安装。

学习重点：

☑ 了解应用程序打包部署的基本知识；
☑ 了解安装包制作工具 InstallShield；
☑ 学会对 Windows 应用程序进行打包；
☑ 学会将应用程序安装部署到终端用户计算机上。

本项目任务总览：

任 务 编 号	任 务 名 称
6.1	应用程序打包
6.2	应用程序安装

 任务 6.1　应用程序打包

 任务目标

在本任务将对"学生社团管理系统"应用程序进行部署，生成可执行安装文件 Setup.exe。

任务分析

为了使 Visual Studio 开发的"学生社团管理系统"能够在其他机器上脱离开发环境顺利运行，可以利用安装包制作工具 InstallShield 来生成 Windows 应用程序安装包，通过安装包进行安装。

 实现过程

准备工作：保证在 Release 模式下，成功生成解决方案。

在发布系统之前，一定要保证系统没有 Bug，也就是在 Release 模式下能够成功生成解决方案。

Visual Studio 解决方案配置下的 Debug 模式和 Release 模式区别在于：Debug 模式称为调试模式，它包含调试信息，未对代码进行优化，方便程序员调试程序；Release 模式称为发布模式，不包含调试信息，但它对代码进行了优化，使程序代码和运行速度都是最优的。解决方案配置转换方式如图 6-1-1 所示。

图 6-1-1　解决方案配置转换方式

步骤一：创建项目。

（1）下载并安装打包工具 InstallShield 2013 Limited Edition。

（2）在 VS 2013 中，打包工具被看作程序集，使用时和程序集一样被创建到程序解决方案下。打开"解决方案资源管理器"面板，右击解决方案名"StudentClubMis"，从快捷菜单中选择"添加|新建项目"菜单命令，在打开的"添加新项目"对话框中展开"其他项目类型|安装和部署"列表，选择"InstallShield Limited Edition Project"项，如图 6-1-2 所示。项目创建完成后，安装和部署界面如图 6-1-3 所示。

图 6-1-2　"添加新项目"对话框

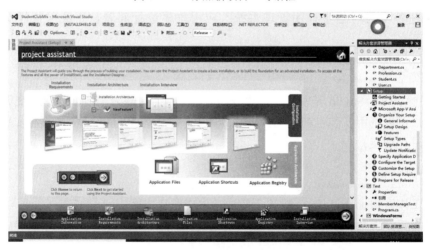

图 6-1-3　安装和部署界面

步骤二：设置程序基本信息。

创建 InstallShield 的安装包，首先需要配置好公司名称、软件名称、版本、网站地址、程序包图标等基本信息。单击下方导航条中的"Application Information"图标，根据实际情况，填写程序基本信息，"Application Information"信息填写如图 6-1-4 所示。在设置应用程序图标时，切不可随意使用未经授权的图片，侵犯他人的知识产权。

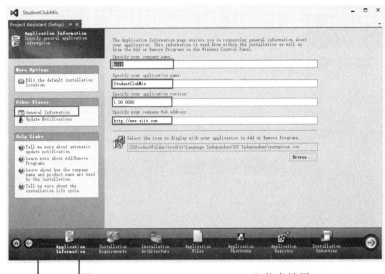

图 6-1-4 "Application Information"信息填写

然后，单击"General Information"链接文本，出现一个更加详细的安装参数设置界面，如图 6-1-5 所示。其中，以下参数比较重要。

Setup Language：设置为简体中文，否则安装路径中有中文时会出错。

Product Name：设置程序名称，开始菜单中二级文件夹的名称。

INSTALLDIR：设置安装路径。

我们只要根据提示设置相关内容即可。

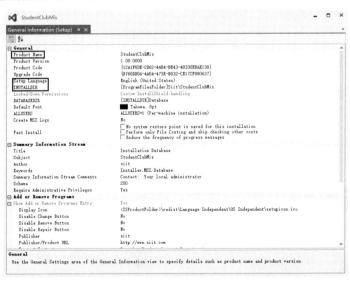

图 6-1-5 "General Information"参数设置界面

步骤三：设置安装包所需条件。

制作.NET 安装包的时候，一般都希望客户准备好相关的安装环境。如果没有准备好安装环境，可以提示用户需要先安装.NET 框架。该步骤就是处理这些安装前的预备工作。单击"Installation Requirements"图标，选择适用的操作系统，并添加.NET Framework package，版本视程序而定，如图 6-1-6 所示。

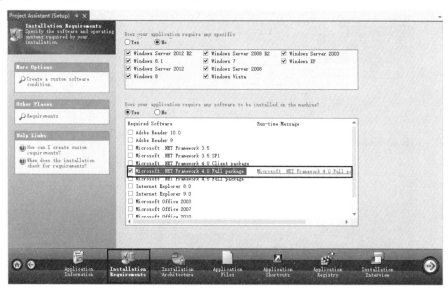

图 6-1-6 "Installation Requirements"设置界面

步骤四：设置安装包目录和文件。

单击"Application Files"图标，设置界面如图 6-1-7 所示。在树状列表中选择"ProgramFilesFolder"节点下的项目，单击"Add Files"按钮，将解决方案生成完毕后Release 文件夹下的所有文件都添加进去。"学生社团管理系统"是分层写的程序，所以每层 Release 文件夹的内容都要添加，还需要将启动项程序所在文件目录下的 bin\Debug 文件中的内容全部添加进去。

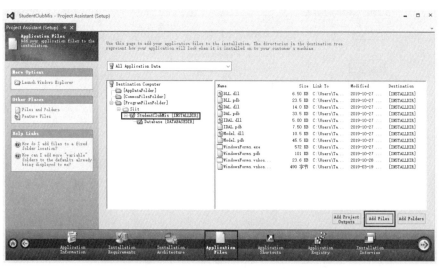

图 6-1-7 "Application Files"设置界面

步骤五： 设置快捷方式。

单击"Application Shortcuts"图标，设置界面如图 6-1-8 所示。选择"Launch WindowsForms.exe"文件，通过"Rename"按钮修改名称，并为其在桌面、开始菜单中创建快捷方式，还可以自定义快捷方式图标（需要.ico 格式的图片）。

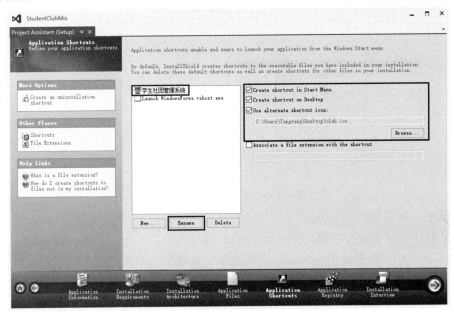

图 6-1-8 "Application Shortcuts"设置界面

步骤六： 设置安装界面。

单击"Installation Interview"图标，设置界面如图 6-1-9 所示。选择"Dialog"选项，可进一步设置程序安装过程中每个步骤的界面，如图 6-1-10 所示。

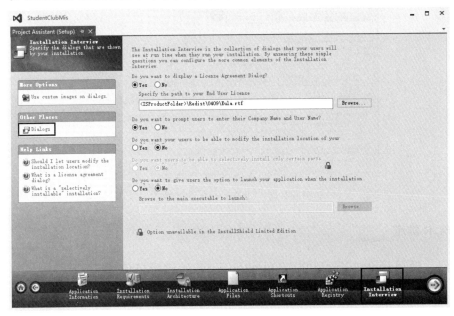

图 6-1-9 "Installation Interview"设置界面

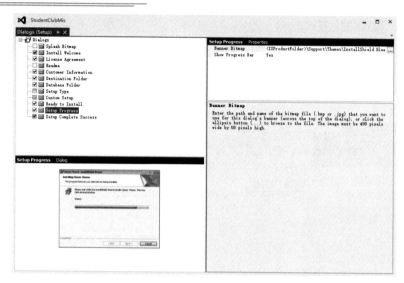

图 6-1-10　安装步骤界面设置

步骤七：发布程序。

在"解决方案资源管理器"面板中，选择"Releases"节点，设置"Setup.exe"文件，最后把解决方案配置改成 SingleImage（生成单一映像），如图 6-1-11 所示。重新生成解决方案后程序就完成打包了，生成的安装文件在 Express\SingleImage\DiskImages\DISK1 路径下，单击"setup.exe"文件名称即可安装。

图 6-1-11　"Releases"设置界面

技术要点

▶ 1. 使用 InstallShield 2013 Limited Edition 进行打包

本任务通过使用 InstallShield 2013 Limited Edition 工具对"学生社团管理系统"项目进行打包。InstallShield 2013 Limited Edition 是一款基于 VS 2013 的安装包制作工具。在 VS 2012 之前，制作安装包一般都使用 Visual Studio 自带的安装包制作工具，之后，微软

把这个功能去掉了，集成使用 InstallShield 进行安装包的制作。InstallShield 是全球领先的 Windows 安装开发解决方案。InstallShield 的宗旨是在为桌面、服务器、网络和移动应用构建可靠的 Windows Installer (MSI)和 InstallScript 安装包时，帮助开发团队提高开发敏捷性、灵活性，以及加强协作。

▶2. 部署设计

部署常常是开发后的工作，但是如果不做好部署前的设计工作，可能会导致错误出现。为了避免在部署过程中出错，应当对部署过程进行规划。任何部署问题，如计算机的容量、桌面的安全性或加载程序集位置等，都应从一开始就纳入设计工作中。

另一个值得注意的问题是在什么环境下测试部署。应用程序代码的测试可以在开发系统中进行，而部署必须在类似于目标系统的环境中测试。例如，一些从属文件在开发系统中早就存在了，但目标计算机中可能没有这个文件，在部署软件包时常常忘记包含这些文件，在开发系统中测试往往不可能发现这个错误。

部署工作对大型应用程序而言可能非常复杂，提前规划部署，进行部署设计，可以在部署过程中省时省力，事半功倍。

任务 6.2　应用程序安装

任务目标

本任务将使用任务 6.1 中生成的安装文件来安装"学生社团管理系统"应用程序，并将该系统安装在目标计算机 C 盘的 Program Files 文件夹中。

任务分析

本任务的操作比较简单，安装时只要根据安装向导的提示，注意安装位置的选择，即可完成程序安装。

实现过程

步骤一：将安装文件"Setup.exe"通过网络或 U 盘等设备复制到目标计算机上。
步骤二：双击安装文件 Setup.exe，进入安装欢迎界面，如图 6-2-1 所示。

图 6-2-1　安装欢迎界面

步骤三：单击安装欢迎界面中的"Next"按钮，进入软件许可协议界面，如图 6-2-2 所示。勾选单选按钮"I accept the terms in the license agreement"项。

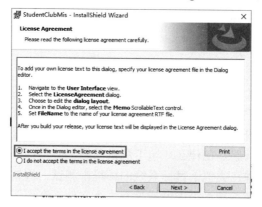

图 6-2-2　软件许可协议界面

步骤四：单击软件许可协议界面中的"Next"按钮，进入用户信息设置界面，并输入相关信息，如图 6-2-3 所示。

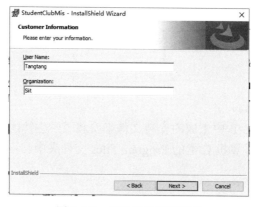

图 6-2-3　用户信息设置界面

步骤五：单击用户信息设置界面中的"Next"按钮，进入安装目录设置界面，如图 6-2-4 所示。可使用默认路径，也可单击"Change..."按钮更改目录。单击"Next"按钮后，进入准备安装界面，如图 6-2-5 所示。

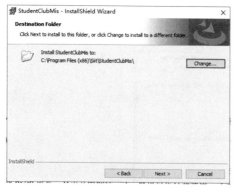

图 6-2-4　安装目录设置界面

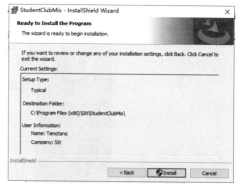

图 6-2-5　准备安装界面

步骤六：单击准备安装界面中的"Install"按钮，进行系统安装，待安装成功后，将弹出提示安装完成的界面，如图 6-2-6 所示。此时，单击"Finish"按钮，即完成安装。

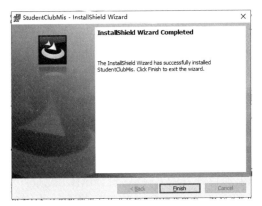

图 6-2-6　安装完成界面

安装完成后，可以在目标计算机的桌面及"开始"菜单中看到"学生管理系统"的快捷方式图标，如图 6-2-7 所示，双击任一个该系统的快捷方式图标，都可以运行并使用"学生社团管理系统"。

图 6-2-7　桌面和"开始"菜单中的快捷方式

项目小结

本项目完成了系统的打包部署，并向读者介绍了"学生社团管理系统"的打包部署与安装的常用方法，即将 Windows 应用程序编译成可执行文件，制作成脱离编译环境的安装文件供用户安装和使用。

参 考 文 献

[1] 罗勇. C#程序开发基础[M]. 北京：清华大学出版社，2013.

[2] 陈广. C#程序设计基础教程与实训[M]. 北京：北京大学出版社，2013.

[3] 毕文斌. C#应用程序开发与项目实践[M]. 北京：清华大学出版社，2013.

[4] 曹化宇. 构建高质量的 C#代码[M]. 北京：电子工业出版社，2013.

[5] 陈青华. C#网络开发项目教程[M]. 北京：电子工业出版社，2012.

[6] 游祖元. C#案例教程[M]. 第 2 版. 北京：电子工业出版社，2012.

[7] 胡艳菊. C#程序设计[M]. 北京：北京大学出版社，2012.

[8] 李娟，于峰. 基于项目开发的 C#程序设计[M]. 北京：北京大学出版社，2012.

[9] 吴鹏. C#程序设计及项目实践[M]. 北京：清华大学出版社，2013.

[10] 李挥剑. C#程序开发案例教程[M]. 北京：北京大学出版社，2012.

[11] 崔晓军. C#.NET 程序设计案例教程[M]. 北京：清华大学出版社，2013.

[12] 韩朝阳. Visual C# 程序开发案例教程[M]. 北京：北京大学出版社，2009.

[13] 崔淼. Visual C# 2005 程序设计教程[M]. 北京：机械工业出版社，2007.

[14] 黄兴荣. C#程序设计项目教程——实验指导与课程设计[M]. 北京：清华大学
出版社，2010.

[15] 汪维华，汪维清，胡章平. C#.NET 程序设计实用教程[M]. 北京：清华大学出
版社，2011.

[16] 刘伟，陈显珊. Visual C#程序设计与项目实践[M]. 北京：清华大学出版社，2011.

反侵权盗版声明

电子工业出版社依法对本作品享有专有出版权。任何未经权利人书面许可，复制、销售或通过信息网络传播本作品的行为，歪曲、篡改、剽窃本作品的行为，均违反《中华人民共和国著作权法》，其行为人应承担相应的民事责任和行政责任，构成犯罪的，将被依法追究刑事责任。

为了维护市场秩序，保护权利人的合法权益，我社将依法查处和打击侵权盗版的单位和个人。欢迎社会各界人士积极举报侵权盗版行为，本社将奖励举报有功人员，并保证举报人的信息不被泄露。

举报电话：（010）88254396；（010）88258888

传　　真：（010）88254397

E-mail：　dbqq@phei.com.cn

通信地址：北京市海淀区万寿路 173 信箱

　　　　　电子工业出版社总编办公室

邮　　编：100036